Numerische Strömungssimulation in der Hydrodynamik

Helmut Martin

Numerische Strömungssimulation in der Hydrodynamik

Grundlagen und Methoden

Helmut Martin
Zur Schafstränke 15
01705 Freital
Deutschland
helmut.martin@tu-dresden.de

Ergänzendes Material zu diesem Buch finden Sie auf http://extra.springer.com.

ISBN 978-3-642-17207-6 e-ISBN 978-3-642-17208-3
DOI 10.1007/978-3-642-17208-3
Springer Heidelberg Dordrecht London New York

Die Deutsche Nationalbibliothek verzeichnet diese Publikation in der Deutschen Nationalbibliografie; detaillierte bibliografische Daten sind im Internet über http://dnb.d-nb.de abrufbar.

Einbandentwurf: WMXDesign GmbH, Heidelberg

Gedruckt auf säurefreiem Papier

Springer ist Teil der Fachverlagsgruppe Springer Science+Business Media (www.springer.com)

Vorwort

Das Buch wendet sich an Ingenieure und Studenten, die einen Einstieg in die numerische Strömungssimulation in der Hydrodynamik suchen und über eine Grundausbildung in Hydromechanik und Ingenieurmathematik verfügen.

Nach einem kurzen Überblick über die Methoden der numerischen Strömungssimulation werden im Teil I Grundlagen und Grundgleichungen der Strömungsmechanik formuliert, während im Teil II ausgewählte Methoden, wie die Finite-Element-Methode, das Galerkin-Verfahren, die Finite-Volumen-Methode und Finite-Element-Methode anhand von Beispielen aus der Hydrodynamik erläutert werden. Der Schwerpunkt liegt dabei auf der Finite-Element-Methode, die aus den mathematischen Formulierungen der Differentialgleichungen abgeleitet werden kann und sich daher für einen Einstieg in die numerische Strömungssimulation am besten eignet.

Bei der Darstellung der numerischen Methoden wird keine Vollständigkeit angestrebt. Es wird vielmehr versucht, durch die Auswahl der Methoden und Beispiele sowie durch eine ausführliche Beschreibung der Zusammenhänge mit vielen Zwischenschritten eine „aufsteigende Wissenslinie" darzustellen. Es wird empfohlen, im Anschluss an einzelne Kapitel des Teiles I die entsprechenden Methoden und Beispiele des Teiles II zu studieren.

Dem Buch wurden vier lauffähige Programme beigefügt, mit denen Beispiele im Buch gelöst und bearbeitet werden können. Die Programme ermöglichen den Einstieg in die numerische Strömungsmechanik mit einer modernen Programmiersprache zu verbinden.

Die Programme stehen dem Leser in der Download-Plattform unter http://extras.springer.com zur Verfügung.

Der Autor dankt Herrn Dipl.-Inf. André Martin für die umfassende Unterstützung bei der Erstellung der beigefügten Programme.

Dem Springer-Verlag sei für die Unterstützung sowie für die freundliche und hilfsbereite Zusammenarbeit gedankt.

Korrekturen und Hinweise sind jederzeit willkommen.

im Januar 2011 Helmut Martin
Dresden

Vorwort

Inhalt

Symbolverzeichnis

(Es werden nur bevorzugt verwendete Symbole zusammengestellt)

a_x, a_y, a_z (m/s^2)	Komponenten der Massenbeschleunigung
v_x, v_y, v_z (m/s)	Geschwindigkeitskomponenten (v_1, v_2, v_3)
w_x, w_y, w_z (s^{-1})	Komponenten des Wirbelvektors
$\vec{a}$	Massenbeschleunigung
$\vec{r}$	Ortsvektor
$\vec{v}$	Geschwindigkeitsvektor
$\vec{w}$	Wirbelvektor
β (–)	volumetrischer Ausdehnungskoeffizient
γ (rad)	Winkeländerung
δ	Diffusität (Konstante) c/ρ
ε (–)	Dehnung
ε (m^2/s)	Wirbelviskosität
ε (m^2/s)	Dissipationsrate
η (Pa s)	dynamische Viskosität
λ (–)	Widerstandszahl
μ (–)	Querdehnungszahl
ν (m^2/s)	kinematische Viskosität
ρ (kg/m^3)	Dichte
σ (N/m^2)	Normalspannung
τ (N/m^2)	Schubspannung
Φ (m^2/s)	Potenzialfunktion
Γ (m^2/s)	Wirbeldiffusität
Γ	auf die Geschwindigkeit bezogene Transportgröße durch eine Fläche
A (m^2)	Fläche
c	Konstante im Fick'schen Gesetz
C	skalare Größe des Fremdstoffes (z. B. Konzentration)
e (–)	Volumendilitation
E (N/m^2)	Elastizitätsmodul
F (N)	Kraft

g (m/s^2)	Erdbeschleunigung
G (N/m^2)	Schubmodul
h (m)	Wassertiefe
I	tiefengemittelter Wärme- oder Stofffluss
k (m^2/s^2)	Größe der turbulenten kinetischen Energie, bezogen auf die Einheit der Masse
l_m(m)	Mischungsweglänge
p (N/m^2)	Flüssigkeitsdruck
q_s	mittlerer Wärmefluss bzw. Stofffluss durch die Oberfläche
Q (m^3/s)	Durchfluss
r_{hy}(m)	hydraulischer Radius
S (–)	Sohlgefälle
S_R(–)	Energieliniengefälle
t (s)	Zeit
T (s)	Zeitdauer
U (m)	benetzter Umfang
u, v, w (m)	Verschiebungskomponenten
V (m^3)	Volumen
x, y, z (m)	Koordinatenrichtungen
z_b(m)	geodätische Höhe über Bezugshorizont
Cr (–)	Courantzahl
Ne (–)	Neumannzahl
Pe (–)	Pecletzahl
Re (–)	Reynoldszahl

Teil I
Grundlagen und Grundgleichungen der Strömungsmechanik

Kapitel 1
Einführung

Die Strömungssimulation hat in den letzten Jahrzehnten eine grandiose Entwicklung genommen, die auf die immer leistungsfähiger werdende Computertechnik, auf die Ausgestaltung und Erweiterung der numerischen Lösungsmethoden sowie auf die Fortschritte in der Turbulenzmodellierung zurückzuführen ist. Während vor ca. 20 Jahren noch Programme zur Lösung der 3-dimensionalen Eulergleichungen geschrieben wurden, steht heute eine Reihe von erprobten und robusten Programmpaketen zur Verfügung, mit der die auf ein spezielles hydrodynamisches Problem angewandten Erhaltungssätze ausgewertet werden können. Einfache Probleme können auf Highend-PCs in wenigen Minuten gelöst werden, während komplizierte 3D-Probleme mitunter selbst auf Großrechnern kaum zu lösen sind.

Die Basis aller Methoden der numerischen Strömungsmechanik ist die Diskretisierung der mathematischen Formulierungen der Erhaltungssätze und ihrer Randbedingungen auf einem Rechengitter. Dabei haben sich folgende Lösungsmethoden bewährt:

- Finite-Differenzen-Methode (FDM)
- Finite-Volumen-Methode (FVM)
- Finite-Elemente-Methode (FEM)
- Spektral-Elemente-Methode (SEM)
- Lattice-Bolzmann-Methode (LBM)
- Smoothed-Particle Hydrodynamics (SPH)
- Boundary Element Method (BEM)

Trotz großer Fortschritte in der experimentellen Erforschung und theoretischen Beschreibung der turbulenten Strömungen, die insbesondere seit dem ersten von Ludwig Prandtl im Jahre 1925 formulierten Turbulenzmodell- der Mischungsweg-Hypothese- erreicht wurden, gibt es bei der numerischen Strömungssimulation der turbulenten Strömungen noch viele offene Fragen. Entweder verwendet man sehr feine Rechengitter wie bei der Direkten Numerischen Simulation (DNS) oder man verwendet mehr oder weniger empirische Turbulenzmodelle, bei denen neben numerischen Fehlern zusätzliche Modellierungsfehler auftreten.

Die Erfahrung mit Turbulenzmodellen hat gezeigt, dass die algebraischen und Reynoldsspannungsmodelle im Allgemeinen realistischere Ergebnisse liefern als

H. Martin, *Numerische Strömungssimulation in der Hydrodynamik*,
DOI 10.1007/978-3-642-17208-3_1,

Wirbelviskositätsmodelle. Die dabei erzielten Verbesserungen müssen jedoch mit größeren numerischen Schwierigkeiten und Instabilitäten erkauft werden, so dass nach wie vor die Wirbelviskositätsmodelle eine dominierende Stellung einnehmen.

Trotz der gekennzeichneten Probleme sind die Fortschritte in der numerischen Strömungssimulation (Computational Fluid Dynamics) evident. Die Strömungssimulation liefert Erkenntnisse über Strömungsvorgänge, die experimentell nicht oder nur mit großem Aufwand gewonnen werden können. Sie reduziert Entwicklungskosten und ermöglicht die notwendige Versuchstechnik zielgerichtet zu handhaben.

Die numerische Strömungssimulation ist daher in der technischen und industriellen Entwicklung eine etablierte Methode, die in den letzten Jahrzehnten zunehmend auch auf dem Gebiet des Wasserbaues für die Vorausberechnung von Strömungsvorgängen und ihre Auswirkungen bei unterschiedlichen Randbedingungen herangezogen wird.

Zurzeit lassen sich in dieser Hinsicht zwei Entwicklungsrichtungen erkennen:

1. das große Gebiet der Simulation der Gerinneströmungen, die meistens als 1D- oder 2D-Modelle auf der Grundlage der Flachwasser- bzw. der de-Saint-Venant-Gleichungen erfolgen
2. Simulation von Strömungsprozessen mit komplizierten Randbedingungen, die meistens als 3D-Modelle auf der Grundlage der Navier-Stokes- bzw. Reynoldsgleichungen und der Turbulenzmodelle ausgeführt werden.

Mit der Simulation von Gerinneströmungen können vor allem hydraulisch-hydrologische Fragestellungen bearbeitet werden. Dabei zeichnet sich ab, dass das Modell der instationären Grundgleichungen mit anderen Modellen, wie z. B. mit Steuerungsstrategien von Betriebsanlagen, Sedimenttransportmodellen, Bruchszenarien von Stauwänden, Modellen für die Beeinflussung der Strömung durch Buhnen und Krümmungen, Gezeitenmodellen, ökologische Modellkomponenten und „decision support systems“, verbunden wird.

Bemerkenswert ist, dass durch die Kombination des Grundmodells mit implementierten Niederschlag-Abfluss-Modellen und einer Online-Korrektur durch nachgeführte Messwerte sowie mit Steuerstrategien und Optimierungsmodule optimierte Betriebsstrategien für den Echtzeitbetrieb entwickelt werden können. Solche Modelle eignen sich auch besonders als Trainings- und Schulungssimulatoren, um kritische Systemzustände erfolgreich zu beherrschen.

Bei der 3D-Simulation der Strömungsprozesse auf der Grundlage von Erhaltungsgleichungen und Turbulenzmodellen wird das sog. k-ϵ-Modell vermutlich am meisten verwendet. Dabei stellt die Simulation der freien Wasseroberfläche immer noch eine spezielle Herausforderung dar. Gegenwärtig ist zu beobachten, dass die Strömungs- und Turbulenzmodelle in den einzelnen Fachbereichen für ausgewählte Strömungsprobleme weiterentwickelt und mit anderen Modellkomponenten kombiniert werden.

Weitere Fortschritte auf dem Gebiet der Strömungssimulation sind durch eine weitere Erhöhung der Rechenleistung zu erwarten, die z. B. durch massiv parallele

Systeme erreicht werden kann. Dabei werden Teile des Berechnungsgitters bestimmten Prozessoren zugewiesen, die diese Abschnitte gleichzeitig bearbeiten und über eine Prozessorenkommunikation über die Zwischenergebnisse benachbarter Prozessoren unterrichtet werden.

Der Einstieg in die numerische Strömungssimulation erfordert die Auseinandersetzung mit unterschiedlichen mathematischen Formulierungen der Erhaltungssätze und deren Randbedingungen in den numerischen Lösungsmethoden, die nicht immer für ein untersuchtes Problem zu identischen Ergebnissen führen. Für die Interpretation der Ergebnisse können daher Sensivitätsanalysen und besondere Erfahrungen erforderlich sein.

Im Buch werden im Teil I die grundlegenden Erhaltungssätze teilweise in unterschiedlichen mathematischen Formulierungen zusammengestellt und interpretiert. Im Teil II werden einzelne Lösungsmethoden behandelt. Dabei wird der Schwerpunkt auf die Finite-Differenzen-Methode gelegt, die sich für den Einstieg in die numerischen Lösungsmethoden gut eignet. Die Methoden werden anhand von Beispielen erläutert.

Kapitel 2
Hydromechanische Grundlagen

2.1 Transportbilanz am Raumelement

2.1.1 Allgemeine Transportbilanz

Für ein durchströmtes, festes Raumelement ergeben sich folgende Zusammenhänge:
In Abb. 2.1 bezeichnet

- Γ eine physikalische Größe, $\Delta\Gamma$ ihre Änderung,
- T den Transport von Γ mit der Strömung durch das Raumelement,
- D den Transport von Γ durch molekulare Diffusion,
- S die Veränderung von Γ im Raumelement durch Quellen oder Senken und
- W die Wirkungen auf die Begrenzungsflächen des Raumelementes, wenn Γ eine vektorielle Größe ist (Impuls).

Die qualitative Transportbilanz lautet für das Raumelement (Schröder 1994):

$$\Delta\Gamma = (T_{ein} - T_{aus}) + (D_{ein} - D_{aus}) + S + [W], \tag{2.1}$$

$S = 0$ für quellenfreie Vorgänge.

Die Präzisierung der Transportbilanz für das Raumelement $dV = dx \cdot dy \cdot dz$ ergibt folgende Beziehungen (Abb. 2.2):

a. Transport mit der Strömungsgeschwindigkeit:

$v_X \cdot \Gamma$ = Transportgröße durch die Fläche $dz \cdot dy$

$$T_{ein} - T_{aus} = \left[-\frac{\partial}{\partial x}(v_X \cdot \Gamma) - \frac{\partial}{\partial y}(v_y \cdot \Gamma) - \frac{\partial}{\partial z}(v_Z \cdot \Gamma) \right] \cdot dx \cdot dy \cdot dz$$

$$T_{ein} - T_{aus} = -\nabla(\vec{v} \cdot \Gamma) \cdot dV \tag{2.2}$$

∇ bezeichnet den Nabla-Operator.

H. Martin, *Numerische Strömungssimulation in der Hydrodynamik*,
DOI 10.1007/978-3-642-17208-3_2, © Springer-Verlag Berlin Heidelberg 2011

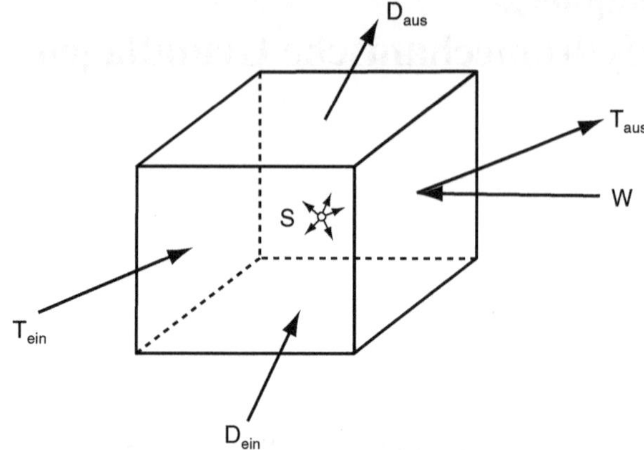

Abb. 2.1 Strömungs- und Transportvorgänge am Raumelement

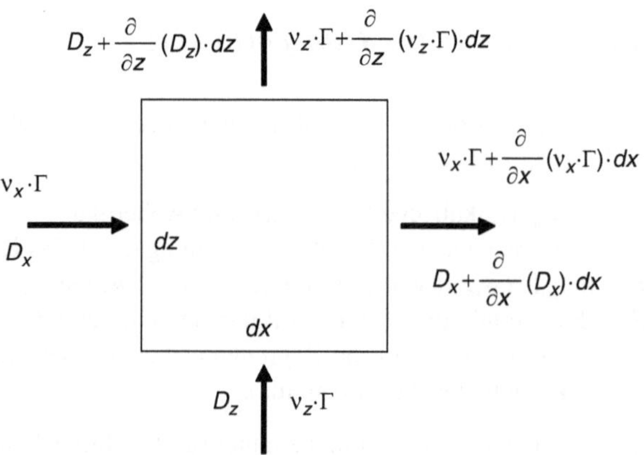

Abb. 2.2 Die differentialen Änderungen der Transportgröße $(v \cdot \Gamma)$ und der molekularen Diffusion D_i in der Koordinatenrichtung $i (i = x, z)$

b. Transport durch molekulare Diffusion:

$$D_{ein} - D_{aus} = \left[-\frac{\partial}{\partial x} D_X - \frac{\partial}{\partial y} D_y - \frac{\partial}{\partial z} D_Z \right] \cdot dx \cdot dy \cdot dz = -\nabla(\mathrm{D}) \cdot dV. \tag{2.3}$$

Nach dem *Fickschen* Gesetz (Gradientenansatz) ist

$$D_i = -c \cdot \frac{\partial}{\partial i} \left(\frac{\Gamma}{\rho} \right) \quad \text{mit} \quad i = x, y, z.$$

Darin bezeichnet ρ die Dichte des transportierenden Mediums und c eine Konstante. Mit diesem Ansatz ergibt sich aus Gl. (2.3):

$$-\nabla(D) = c \cdot \left[\frac{\partial^2}{\partial x^2} \left(\frac{\Gamma}{\rho} \right) + \frac{\partial^2}{\partial y^2} \left(\frac{\Gamma}{\rho} \right) + \frac{\partial^2}{\partial z^2} \left(\frac{\Gamma}{\rho} \right) \right] = c \cdot \Delta \left(\frac{\Gamma}{\rho} \right). \tag{2.4}$$

Setzt man zweckmäßigerweise für den Quellen- oder Senken-Term $(-\rho \cdot S)$, so erhält man für die allgemeine Transportbilanz die Beziehung

$$\left[\frac{\partial \Gamma}{\partial t} + \nabla(\vec{v} \cdot \Gamma) - c \cdot \Delta\left(\frac{\Gamma}{\rho}\right) - \rho \cdot S - [\mathrm{W}]\right] \cdot dV = 0 \tag{2.5}$$

bzw.

$$\frac{\partial \Gamma}{\partial t} + \nabla(\vec{v} \cdot \Gamma) - c \cdot \Delta\left(\frac{\Gamma}{\rho}\right) - \rho \cdot S - [\mathrm{W}] = 0 \tag{2.6}$$

Δ bezeichnet den Laplace-Operator.

2.1.2 *Spezifische Transportbilanzen*

2.1.2.1 Massentransport

Für den Transport eines Fluids durch das Raumelement kann $\Gamma = \rho$, $D = 0$ und $W = 0$ gesetzt werden.

Damit ergibt sich aus Gl. (2.6):

$\dfrac{\partial \rho}{\partial t} + \nabla(\vec{v} \cdot \rho) = \rho \cdot \mathrm{S}$ für eine allgemeine, instationäre Strömung,

$\dfrac{\partial \rho}{\partial t} + \nabla(\vec{v} \cdot \rho) = 0$ für eine instationäre, quellenfreie Strömung,

$\nabla(\vec{v} \cdot \rho) = 0$ für eine stationäre, quellenfreie Strömung $(\nabla(\vec{v} \cdot \rho) = div\ (\vec{v} \cdot \rho) = \rho \cdot div\ \vec{v} + \vec{v} \cdot \mathrm{grad}\ \rho)$,

$\nabla\vec{v} = 0$ für eine instationäre oder stationäre, quellenfreie, inkompressible Strömung $(\rho = \mathrm{const.})$

$$\left(\nabla\vec{v} = \frac{\partial v_x}{\partial x} + \frac{\partial v_y}{\partial y} + \frac{\partial v_z}{\partial z}\right).$$

Die abgeleiteten Beziehungen werden auch als Kontinuitatsgleichungen bezeichnet.

2.1.2.2 Fremdstoff- und Energietransport

Zur Kennzeichnung des Fremdstofftransportes werden folgende Definitionen eingeführt:

C variable Menge des Fremdstoffes oder der Energie in der Flüssigkeit als skalare Größe (z. B. Konzentrationen, Wärme u. a.),

$\dfrac{c}{\rho} = \delta$ Diffusität (Konstante),

$\Gamma = \rho \cdot C,$
$W = 0.$

Mit diesen Voraussetzungen erhält man aus (2.6):

$$\frac{\partial(\rho \cdot C)}{\partial t} + \nabla(\vec{v} \cdot \rho \cdot C) - c \cdot \Delta C = \rho \cdot S_c \tag{2.7}$$

S_c = Quelle oder Senke
(z. B. Wärmeenergie einer chemischen oder biologischen Reaktion).

Für Wasser als Trägerflüssigkeit ergibt sich mit $\rho = \text{const.}$

$$\frac{\partial C}{\partial t} + \nabla(\vec{v} \cdot C) - \delta \cdot \Delta C = S_c \tag{2.8}$$

bzw.

$$\frac{\partial C}{\partial t} + C \cdot div\,\vec{v} + \vec{v} \cdot grad\,\mathrm{C} - \delta \cdot \Delta C = S_c. \tag{2.9}$$

Mit $\nabla\vec{v} = div\,\vec{v} = 0$ erhält man schließlich

$$\frac{\partial C}{\partial t} + \vec{v} \cdot grad\,C - \delta \cdot \Delta C = S_c \tag{2.10}$$

bzw.

$$\frac{\partial C}{\partial t} + v_x \cdot \frac{\partial C}{\partial x} + v_y \cdot \frac{\partial C}{\partial y} + v_z \cdot \frac{\partial C}{\partial z} - \delta \cdot \left(\frac{\partial^2 C}{\partial x^2} + \frac{\partial^2 C}{\partial y^2} + \frac{\partial^2 C}{\partial z^2}\right) = S_c. \tag{2.11}$$

Die Gl. (2.10) bzw. (2.11) berücksichtigen die molekulare Diffusion, die z. B. bei allen laminaren Einleitungs- und Ausbreitungsvorgängen von Bedeutung ist. Für die Erfassung der turbulenten Diffusion werden meistens Beziehungen aus Turbulenzmodellen herangezogen (vgl. Kap. 4).

2.1.2.3 Impulstransport

Der durch das Raumelement $dV = dx \cdot dy \cdot dz$ transportierte Impuls ist eine vektorielle Größe. Die Transportbilanz muss daher komponentenweise (richtungsweise) durchgeführt werden. Als Beispiel wird die z-Richtung betrachtet. Die Transportgröße ist

$$\Gamma = \rho \cdot v_z.$$

Für die resultierende Kraftwirkung auf die Hüllflächen des Raumelementes ergibt sich aus Abb. 2.3:

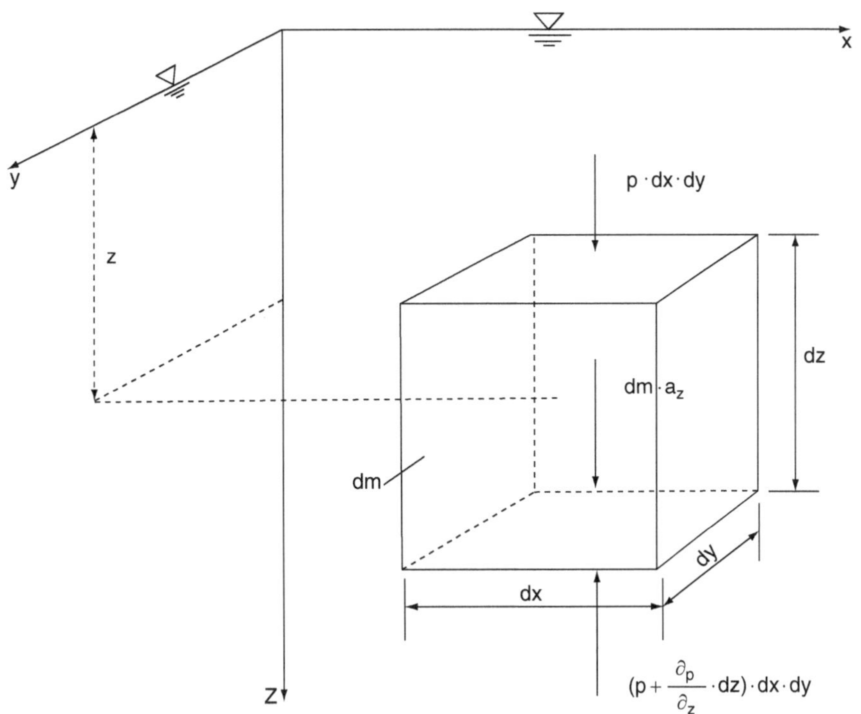

Abb. 2.3 Kraftwirkungen auf die Hüllflächen des Raumelementes in z-Richtung

$$W_z = \left(-\frac{\partial p}{\partial z} \cdot dz\right) \cdot dx \cdot dy = -\frac{\partial p}{\partial z} \cdot dV.$$

Berücksichtigt man eine Massenbeschleunigung $\vec{a} = \{a_x,\ a_y,\ a_z\}$, so erhält man aus Gl. (2.5):

$$\left[\frac{\partial(\rho \cdot v_z)}{\partial t} + \nabla(\vec{v} \cdot \rho \cdot v_z) - c \cdot \Delta v_z + \frac{\partial p}{\partial z}\right] \cdot dV = dV \cdot \rho \cdot a_z. \tag{2.12}$$

Der Quellterm S kann in diesem Falle als Massenkraft gedeutet werden, der in z-Richtung im Allgemeinen der Gewichtskraft entspricht (mit $a_z = g$, Erdbeschleunigung).

Für Wasser mit $\rho = \text{const.}$ folgt weiter

$$\frac{\partial v_z}{\partial t} + \nabla(\vec{v} \cdot v_z) = a_z - \frac{1}{\rho} \cdot \frac{\partial p}{\partial z} + \frac{\mathrm{c}}{\rho} \cdot \Delta v_z. \tag{2.13}$$

Führt man für die Konstante c/ρ formal die kinematische Viskosität ν ein, so kann $\nu \cdot \Delta\vec{v}$ als Reibungsglied der Gleichung gedeutet werden, das durch die Schubspannungen infolge der molekularen Diffusion bestimmt wird. Die Umformung von Gl.

(2.13) liefert dann

$$\frac{\partial v_z}{\partial t} + v_z \cdot \nabla\vec{v} + \vec{v} \cdot grad\ v_z = a_z - \frac{1}{\rho} \cdot \frac{\partial p}{\partial z} + \nu \cdot \Delta v_z. \tag{2.14}$$

Mit $\Delta\vec{v} = 0$ (vgl. Abschn. 2.1.2.1) erhält man

$$\frac{\partial v_z}{\partial t} + \vec{v} \cdot grad\ v_z = a_z - \frac{1}{\rho} \cdot \frac{\partial p}{\partial z} + \nu \cdot \Delta v_z. \tag{2.15}$$

Die vektorielle Zusammenfassung der Komponentengleichungen in allen drei Richtungen ergibt schließlich die Bewegungsgleichung:

$$\frac{\partial \vec{v}}{\partial t} + (\vec{v} \cdot \nabla) \cdot \vec{v} = \vec{a} - \frac{1}{\rho} \cdot \text{grad}\ p + \nu \cdot \Delta\vec{v}. \tag{2.16}$$

Der Vektor $(\vec{v} \cdot \text{grad}) \cdot \vec{v} = (\vec{v} \cdot \nabla) \cdot \vec{v}$ bezeichnet darin die Ableitung des Vektorfeldes $\vec{v}$ nach dem Vektor $\vec{v}$. Dabei bildet

$$(\vec{v} \cdot \nabla) = v_x \cdot \frac{\partial}{\partial x} + v_y \cdot \frac{\partial}{\partial y} + v_z \cdot \frac{\partial}{\partial z}$$

einen differentialen Operator.

Die Entwicklung der Impulstransportgleichung führt somit formal zu einer Bewegungsgleichung, die als *Navier-Stokes-Gleichung* bekannt ist und die Grundlage der gesamten Hydrodynamik bildet.

2.2 Dynamische und kinematische Wirkungen im Strömungsraum

2.2.1 Normal- und Schubspannungen

Abbildung 2.4 zeigt die Normal- und Schubspannungen an einem differentialen Flüssigkeitselement $(dx \cdot dy \cdot dz)$ einschließlich der differentialen Änderungen. Für die folgenden Momentengleichungen kann man die differentialen Änderungen als kleine Größen gegenüber der absoluten Größe der Spannungen betrachten. An den 6 Seitenflächen des Elementes sind damit insgesamt 9 Spannungskomponenten vorhanden:

$$\begin{matrix} \sigma_x & \sigma_y & \sigma_z \\ \tau_{xy} & \tau_{xz} & \tau_{yz} \\ \tau_{yx} & \tau_{zx} & \tau_{zy}. \end{matrix}$$

Bei den Schubkomponenten bezeichnet der erste Index die Richtung, die senkrecht zu der Fläche steht, in der die Schubspannung wirkt. Der zweite Index kennzeichnet

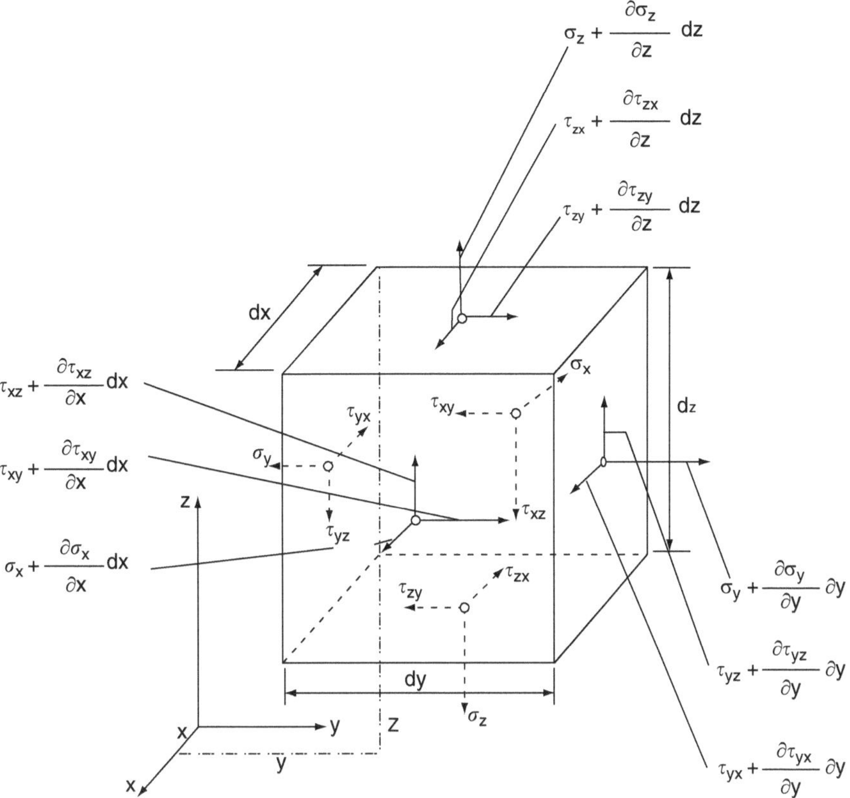

Abb. 2.4 Normal- und Schubspannungen am Raumelement

die Richtung der Schubkomponente (vgl. Abb. 2.5). Die Schubspannung wird positiv definiert, wenn sie dem durch den zweiten Index angegebenen Richtungssinn folgt.

Die dargestellten Spannungskomponenten müssen die bekannten 6 Gleichgewichtsbedingungen im Raum erfüllen, nämlich 3 Momenten- und 3 Projektionsgleichungen. Die Momentengleichung um die Achse z-z lautet z. B.

$$-\tau_{xy} \cdot dy \cdot dz \cdot \frac{dx}{2} \cdot 2 + \tau_{yx} \cdot dx \cdot dz \cdot \frac{dy}{2} \cdot 2 = 0, \tag{2.17}$$

wenn die differentialen Änderungen vernachlässigt werden.

Die **Momentengleichungen** liefern somit

$$\tau_{xy} = \tau_{yx}, \ \tau_{yz} = \tau_{zy} \ und \ \tau_{zx} = \tau_{xz}$$

(Gesetz von der paarweisen Gleichheit der Schubspannungen).

Bei den **Projektionsgleichungen** können die differentialen Änderungen wegen der Summation nicht vernachlässigt werden. Sieht man von der Wirkung von

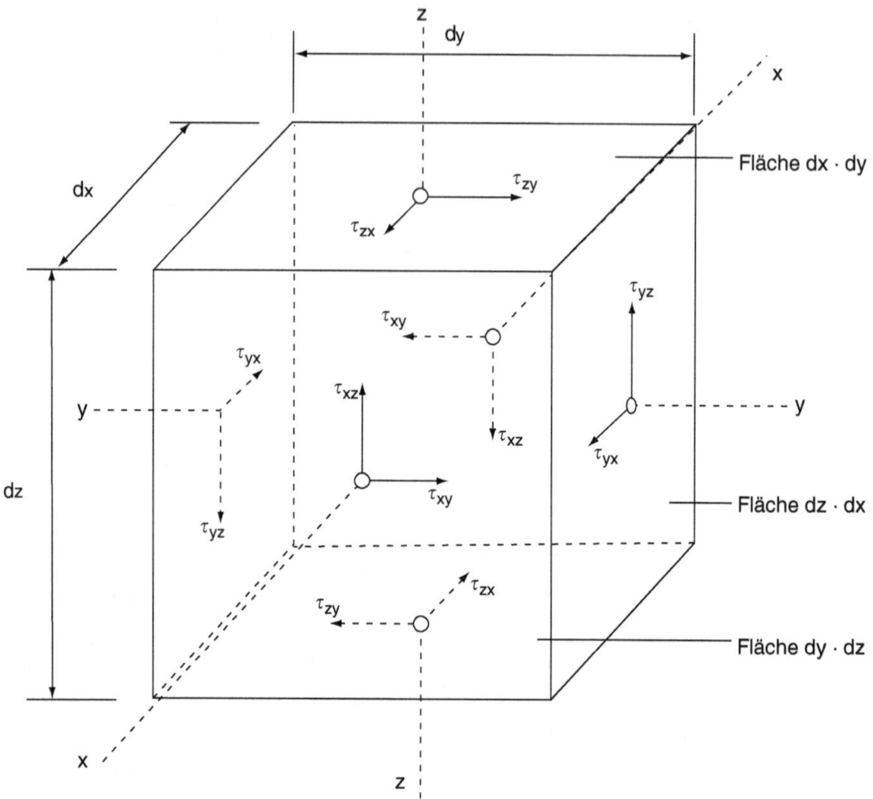

Abb. 2.5 Lage der Achsen *x-x, y-y, z-z,* Definition des Richtungssinnes

Massenkräften ab, so lauten die Zusammenhänge (vgl. Abb. 2.4):

$$\begin{aligned}
&\frac{\partial \sigma_x}{\partial x} + \frac{\partial \tau_{yx}}{\partial y} + \frac{\partial \tau_{zx}}{\partial z} = 0 \quad in\ x - Richtung \\
&\frac{\partial \sigma_y}{\partial y} + \frac{\partial \tau_{zy}}{\partial z} + \frac{\partial \tau_{xy}}{\partial x} = 0 \quad in\ y - Richtung \\
&\frac{\partial \sigma_z}{\partial z} + \frac{\partial \tau_{xz}}{\partial x} + \frac{\partial \tau_{yz}}{\partial y} = 0 \quad in\ z - Richtung
\end{aligned} \tag{2.18}$$

2.2.2 *Verträglichkeitsbedingungen*

Die Verträglichkeitsbedingungen kennzeichnen die Formänderungen unter Spannungen, die durch Verzerrungen oder durch Verschiebungen beschrieben werden können.

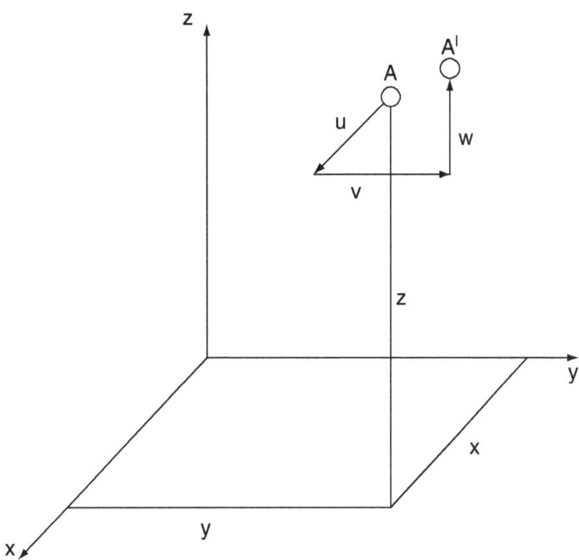

Abb. 2.6 Verschiebungen u, v, w eines Punktes A

Die Verzerrungen des Raumelementes können durch die *Dehnungen* $\varepsilon_x, \varepsilon_y$ und ε_z,

$$\text{mit } \varepsilon_i = \frac{\Delta di}{di} \quad (i = x, y, z),$$

und die Winkeländerungen γ_{xy}, γ_{zy} und γ_{zx} eindeutig gekennzeichnet werden. Die Formänderung kann aber auch eindeutig beschrieben werden, wenn die *Verschiebungen* u, w, v aller Punkte des Raumelementes bekannt sind (Abb. 2.6).

Aus Abb. 2.7 ergeben sich zwischen Verschiebungen und Verzerrungen die folgenden Zusammenhänge:

$$\begin{aligned}
\varepsilon_x &= \frac{u + \frac{\partial u}{\partial x} \cdot dx - u}{dx} = \frac{\partial u}{\partial x} \\
\varepsilon_y &= \frac{\partial v}{\partial y} \\
\varepsilon_z &= \frac{\partial w}{\partial z}.
\end{aligned} \tag{2.19}$$

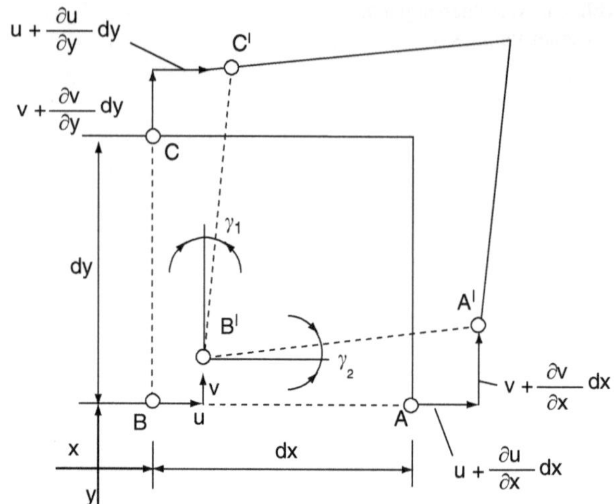

Abb. 2.7 Verschiebungen der Punkte A, B, C

Aus den Ansätzen

$$
\begin{aligned}
\gamma_1 \cdot dy &= \frac{\partial u}{\partial y} \cdot dy \\
\gamma_2 \cdot dx &= \frac{\partial v}{\partial x} \cdot dx
\end{aligned}
\tag{2.20}
$$

erhält man für die Winkeländerungen:

$$
\begin{aligned}
\gamma_{xy} &= \gamma_1 + \gamma_2 = \frac{\partial u}{\partial y} + \frac{\partial v}{\partial x} \\
\gamma_{yz} &= \frac{\partial v}{\partial z} + \frac{\partial w}{\partial y} \\
\gamma_{zx} &= \frac{\partial w}{\partial x} + \frac{\partial u}{\partial z}.
\end{aligned}
\tag{2.21}
$$

2.2.3 *Zusammenhang zwischen Spannungs- und Verformungszustand*

2.2.3.1 Feste Körper

Bei festen Körpern wird der Zusammenhang zwischen Spannungen und Verformungen durch das Hookesche Gesetz beschrieben (Proportionalität zwischen Spannungen und Formänderungen).

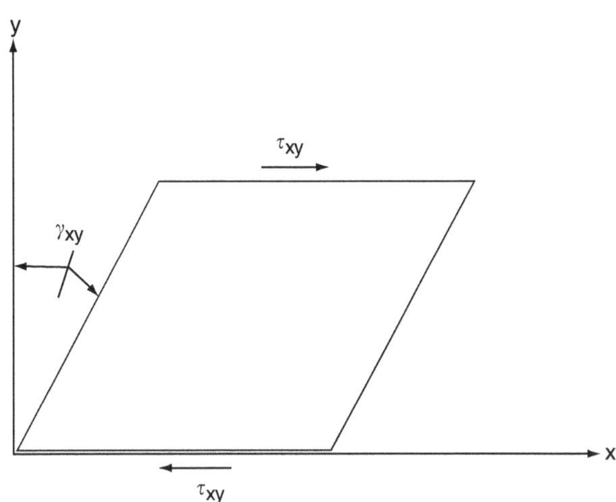

Abb. 2.8 Winkeldeformation infolge einer Schubspannung

Daraus ergeben sich für die Schubspannungen folgende Beziehungen (Abb. 2.8):

$$\tau_{xy} = G \cdot \gamma_{xy}, \quad \tau_{yz} = G \cdot \gamma_{yz}, \quad \tau_{zx} = G \cdot \gamma_{zx} \tag{2.22}$$

G Schubmodul $\left[\mathrm{N/m^2}\right]$.

Für die Normalspannungen erhält man:

$\sigma_x = E \cdot \varepsilon_x$ für den einachsigen Spannungszustand

E Elastizitätsmodul $\left[\mathrm{N/m^2}\right]$.

Im allgemeinen Fall, wo Normalspannungen in allen drei Richtungen vorhanden sind, ist der Zusammenhang zwischen den Dehnungen ε und den Normalspannungen σ komplizierter als der Zusammenhang zwischen Winkeldeformation und Schubspannung nach Gl. (2.22). Die Normalspannung σ_x bewirkt nicht nur eine Dehnung in x-Richtung vom Betrag $\varepsilon_x = \sigma_x / E$, sondern gleichzeitig auch eine Kontraktion in Querrichtung, welche der Dehnung in Längsrichtung proportional ist und sich aus

$$\varepsilon_y = -\mu \cdot \varepsilon_x = -\mu \cdot \frac{\sigma_x}{E}$$

ergibt. Dabei ist die sog. Querdehnungszahl μ bei festen elastischen Körpern etwa 0.2 bis 0.3. Für den dreiachsigen räumlichen Spannungszustand folgt daher

$$\varepsilon_x = \frac{\sigma_x}{E} - \mu \cdot \left(\frac{\sigma_y}{E} + \frac{\sigma_z}{E}\right) \tag{2.23a}$$

$$\varepsilon_y = \frac{\sigma_y}{E} - \mu \cdot \left(\frac{\sigma_z}{E} + \frac{\sigma_x}{E}\right) \tag{2.23b}$$

$$\varepsilon_z = \frac{\sigma_z}{E} - \mu \cdot \left(\frac{\sigma_x}{E} + \frac{\sigma_y}{E}\right). \tag{2.23c}$$

Die Volumendilitation $e = \varepsilon_x + \varepsilon_y + \varepsilon_z$ wird damit

$$e = \frac{1}{E} \cdot (1 - 2 \cdot \mu) \cdot (\sigma_x + \sigma_y + \sigma_z). \tag{2.24}$$

Wenn E und μ für einen Körper bekannt sind, kann daraus der Schubmodul

$$G = \frac{E}{2 \cdot (\mu + 1)} \tag{2.25}$$

ermittelt werden. Unter Berücksichtigung von Gl. (2.24) folgt aus Gl. (2.23a) und (2.25) weiter

$$\sigma_x + \sigma_y + \sigma_z = 2 \cdot G \cdot \mathrm{e} \cdot \frac{(1 + \mu)}{(1 - 2 \cdot \mu)}. \tag{2.26}$$

Damit lässt sich für die x-Richtung (2.23a) schreiben

$$E \cdot \varepsilon_x = (1 + \mu) \cdot \sigma_x - E \cdot e \cdot \frac{\mu}{(1 - 2 \cdot \mu)} \tag{2.27}$$

bzw.

$$\sigma_x = 2 \cdot G \cdot \left(\varepsilon_x + \frac{e \cdot \mu}{1 - 2 \cdot \mu} \right). \tag{2.28}$$

Im Hinblick auf eine Übertragung der entwickelten Zusammenhänge auf Flüssigkeiten ist es zweckmäßig, das arithmetische Mittel der Normalspannungen (Schlichting 1958)

$$\bar{\sigma} = \frac{1}{3} \cdot (\sigma_x + \sigma_y + \sigma_z) \tag{2.29}$$

einzuführen, das dann als Flüssigkeitsdruck $p = -\bar{\sigma}$ gedeutet werden kann. Für die x-Richtung erhält man somit

$$\sigma_x = 2 \cdot G \cdot \varepsilon_x + \bar{\sigma} + 2 \cdot G \cdot \frac{e \cdot \mu}{(1 - 2 \cdot \mu)} - \frac{1}{3} \cdot (\sigma_x + \sigma_y + \sigma_z) \tag{2.30}$$

und mit Gl. (2.26)

$$\sigma_x = \bar{\sigma} + 2 \cdot G \cdot \varepsilon_x - \frac{2}{3} \cdot G \cdot e. \tag{2.31}$$

Analoge Beziehungen lassen sich auch für σ_y und σ_z ableiten.

Ersetzt man nun die Dehnungen in den einzelnen Richtungen durch die Verschiebungen entsprechend (2.19), so erhält man für die Normalspannungen:

$$\begin{aligned}
\sigma_x &= \bar{\sigma} + 2 \cdot G \cdot \frac{\partial u}{\partial x} - \frac{2}{3} \cdot G \cdot \left(\frac{\partial u}{\partial x} + \frac{\partial v}{\partial y} + \frac{\partial w}{\partial z} \right) \\
\sigma_y &= \bar{\sigma} + 2 \cdot G \cdot \frac{\partial v}{\partial y} - \frac{2}{3} \cdot G \cdot \left(\frac{\partial u}{\partial x} + \frac{\partial v}{\partial y} + \frac{\partial w}{\partial z} \right) \\
\sigma_z &= \bar{\sigma} + 2 \cdot G \cdot \frac{\partial w}{\partial z} - \frac{2}{3} \cdot G \cdot \left(\frac{\partial u}{\partial x} + \frac{\partial v}{\partial y} + \frac{\partial w}{\partial z} \right).
\end{aligned} \tag{2.32}$$

Für die Schubspannungen folgt aus Gl. (2.22) unter Beachtung von Gl. (2.21)

$$\begin{aligned}\tau_{xy} &= G \cdot \left(\frac{\partial u}{\partial y} + \frac{\partial v}{\partial x}\right)\\ \tau_{yz} &= G \cdot \left(\frac{\partial v}{\partial z} + \frac{\partial w}{\partial y}\right)\\ \tau_{zx} &= G \cdot \left(\frac{\partial w}{\partial x} + \frac{\partial u}{\partial z}\right).\end{aligned} \tag{2.33}$$

Die Gl. (2.32) und (2.33) beschreiben auf der Grundlage des Hookeschen Elastizitätsgesetzes den Zusammenhang von Spannungen und Verschiebungen für einen festen elastischen Körper.

2.2.3.2 Flüssigkeiten

Während bei festen Körpern zwischen Spannungen und Verschiebungen Proportionalität besteht, findet man bei Flüssigkeiten entsprechend dem Stokesschen Reibungsgesetz Proportionalität zwischen Spannungen und Verschiebungsgeschwindigkeiten. Da die Verträglichkeitsbedingungen am Raumelement der Flüssigkeit gleich denen bei festen Körpern sind, kann der Zusammenhang zwischen Spannungen und Verschiebungsgeschwindigkeiten auch mit den Gl. (2.32) und (2.33) beschrieben werden, wenn für die Verschiebungen u, v, w die Verschiebungsgeschwindigkeiten

$$\frac{\partial u}{\partial t} = v_x, \ \frac{\partial v}{\partial t} = v_y, \ \frac{\partial w}{\partial t} = v_z \tag{2.34}$$

und an Stelle des Proportionalitätsfaktors G die Zähigkeit η sowie das arithmetische Mittel der Normalspannungen als Flüssigkeitsdruck ($\overline{\sigma} = -p$) eingeführt werden.

Aus der ersten Gleichung von (2.32) wird somit:

$$\sigma_x = -p + 2 \cdot \eta \cdot \frac{\partial v_x}{\partial x} - \frac{2}{3} \cdot \eta \cdot \left(\frac{\partial v_x}{\partial x} + \frac{\partial v_y}{\partial y} + \frac{\partial v_z}{\partial z}\right). \tag{2.35}$$

Spaltet man noch von den Normalspannungen den Druck ab, so folgt mit

$$\begin{aligned}\sigma_x &= -p + \sigma_x'\\ \sigma_y &= -p + \sigma_y'\\ \sigma_z &= -p + \sigma_z'\end{aligned} \tag{2.36}$$

für die Reibungsanteile der Normalspannungen:

$$\sigma'_x = \eta \cdot \left(2 \cdot \frac{\partial v_x}{\partial x} - \frac{2}{3} \cdot div\,\vec{v}\right)$$

$$\sigma'_y = \eta \cdot \left(2 \cdot \frac{\partial v_y}{\partial y} - \frac{2}{3} \cdot div\,\vec{v}\right) \tag{2.37}$$

$$\sigma'_z = \eta \cdot \left(2 \cdot \frac{\partial v_z}{\partial z} - \frac{2}{3} \cdot div\,\vec{v}\right)$$

mit $div\ \vec{v} = 0$ für inkompressible Flüssigkeiten ohne Quellen und Senken. Für die Schubspannungen erhält man aus Gl. (2.33)

$$\tau_{xy} = \eta \cdot \left(\frac{\partial v_x}{\partial y} + \frac{\partial v_y}{\partial x}\right)$$

$$\tau_{yz} = \eta \cdot \left(\frac{\partial v_y}{\partial z} + \frac{\partial v_z}{\partial y}\right) \tag{2.38}$$

$$\tau_{xz} = \eta \cdot \left(\frac{\partial v_z}{\partial x} + \frac{\partial v_x}{\partial z}\right).$$

2.2.4 Bewegungsgleichungen

Die Gleichgewichtsbedingungen für die Kraftwirkungen an einem Raumelement $dV = dx \cdot dy \cdot dz$ lauten unter Beachtung der Massenbeschleunigung $\vec{a}$ in der x-Richtung (vgl. Abb. 2.4):

$$\rho \cdot dx \cdot dy \cdot dz \cdot \frac{dv_x}{dt} = a_x \cdot \rho \cdot dx \cdot dy \cdot dz + \left(\frac{\partial \sigma_x}{\partial x} + \frac{\partial \tau_{xy}}{\partial y} + \frac{\partial \tau_{xz}}{\partial z}\right) \cdot dx \cdot dy \cdot dz,$$

daraus folgt für alle Richtungen:

$$\frac{\partial v_x}{\partial t} + \nabla(v_x \cdot \vec{v}) = a_x + \frac{1}{\rho} \cdot \left[-\frac{\partial p}{\partial x} + \frac{\partial \sigma'_x}{\partial x} + \frac{\partial \tau_{xy}}{\partial y} + \frac{\partial \tau_{xz}}{\partial z}\right]$$

$$\frac{\partial v_y}{\partial t} + \nabla(v_y \cdot \vec{v}) = a_y + \frac{1}{\rho} \cdot \left[-\frac{\partial p}{\partial y} + \frac{\partial \tau_{xy}}{\partial x} + \frac{\partial \sigma'_y}{\partial y} + \frac{\partial \tau_{yz}}{\partial z}\right] \tag{2.39}$$

$$\frac{\partial v_z}{\partial t} + \nabla(v_z \cdot \vec{v}) = a_z + \frac{1}{\rho} \cdot \left[-\frac{\partial \rho}{\partial z} + \frac{\partial \tau_{xz}}{\partial x} + \frac{\partial \tau_{yz}}{\partial y} + \frac{\partial \sigma'_z}{\partial z}\right].$$

Unter Beachtung der Reibungsanteile aus Gl. (2.37) und (2.38) ergibt sich für die inkompressible Strömung in der x-Richtung

$$\begin{aligned}\frac{\partial v_x}{\partial t} + \nabla(v_x \cdot \vec{v}) - a_x + \frac{1}{\rho} \cdot \frac{\partial \rho}{\partial x} &= \frac{1}{\rho} \cdot \frac{\partial}{\partial x}\left[\eta \cdot \left(2 \cdot \frac{\partial v_x}{\partial x}\right)\right] \\ &+ \frac{1}{\rho} \cdot \frac{\partial}{\partial y}\left[\eta \cdot \left(\frac{\partial v_x}{\partial y} + \frac{\partial v_y}{\partial x}\right)\right] + \frac{1}{\rho} \cdot \frac{\partial}{\partial z}\left[\eta \cdot \left(\frac{\partial v_z}{\partial x} + \frac{\partial v_x}{\partial z}\right)\right]. \end{aligned} \quad (2.40)$$

Die rechte Seite dieser Gleichung lässt sich wie folgt umformen:

$$= \frac{\eta}{\rho} \cdot \left[2 \cdot \frac{\partial^2 v_x}{\partial x^2} + \frac{\partial^2 v_x}{\partial y^2} + \frac{\partial^2 v_y}{\partial y \cdot \partial x} + \frac{\partial^2 v_z}{\partial z \cdot \partial x} + \frac{\partial^2 v_x}{\partial z^2}\right]$$

$$= \frac{\eta}{\rho} \cdot \left[\frac{\partial^2 v_x}{\partial x^2} + \frac{\partial^2 v_x}{\partial y^2} + \frac{\partial^2 v_x}{\partial z^2} + \frac{\partial}{\partial x}\left(\frac{\partial v_x}{\partial x} + \frac{\partial v_y}{\partial y} + \frac{\partial v_z}{\partial z}\right)\right].$$

Darin ist $div\ \vec{v} = \frac{\partial v_x}{\partial x} + \frac{\partial v_y}{\partial y} + \frac{\partial v_z}{\partial z} = 0 \quad \text{für} \quad \rho = \text{const.}$

Für die x-Richtung folgt somit

$$\begin{aligned}\frac{\partial v_x}{\partial t} + v_x \cdot \frac{\partial v_x}{\partial x} + v_y \cdot \frac{\partial v_y}{\partial y} + v_z \cdot \frac{\partial v_x}{\partial z} &= a_x - \frac{1}{\rho} \cdot \frac{\partial \rho}{\partial x} \\ &+ \nu \cdot \left(\frac{\partial^2 v_x}{\partial x^2} + \frac{\partial^2 v_x}{\partial y^2} + \frac{\partial^2 v_x}{\partial z^2}\right), \end{aligned} \quad (2.41)$$

wenn mit $(\eta/\rho) = \nu$ die kinematische Viskosität eingeführt wird.

Die vektorielle Schreibweise liefert

$$\frac{\partial v_x}{\partial t} + \vec{v} \cdot \text{grad}\ v_x - -\frac{1}{\rho} \cdot \frac{\partial \rho}{\partial x} + a_x + \nu \cdot \Delta v_x \quad (2.42)$$

und die vektorielle Zusammenfassung der Komponentengleichungen führt wieder zur *Navier-Stokes-Gleichung* in der Form

$$\frac{\partial \vec{v}}{\partial t} + (\vec{v} \cdot \nabla) \cdot \vec{v} = \vec{a} - \frac{1}{\rho} \cdot grad\ p + \nu \cdot \Delta \vec{v},$$

die bereits im Punkt 2.1.2.3 formal aus der Transportbilanz abgeleitet wurde.

2.2.5 Wirbelbewegung

Ist die Geschwindigkeit eines Flüssigkeitsteilchens als konstante Bahngeschwindigkeit auf einer Kreisbahn mit dem Radius r deutbar, so ist (Bollrich 2007)

$$\vec{v} = \vec{w} \times \vec{r}.$$

Darin bezeichnet $\vec{w}$ Wirbelvektor. in der Drehachse

$$\text{mit} \quad \vec{w} = i \cdot w_x + j \cdot w_y + k \cdot w_z$$
$$\text{und} \quad \vec{r} = i \cdot x + j \cdot y + k \cdot z.$$

Daraus folgt

$$\vec{v} = i \cdot (z \cdot w_y - y \cdot w_z) + j \cdot (x \cdot w_z - z \cdot w_x) + k \cdot (y \cdot w_x - x \cdot w_y) \tag{2.43}$$

bzw.

$$\vec{v} = i \cdot v_x + j \cdot v_y + k \cdot v_z \tag{2.44}$$

(vgl. auch Abb. 2.9).

Zur Beschreibung der Wirbelbewegung wird der Vektor $rot\,\vec{v}$ eingeführt, der durch

$$rot\,\vec{v} = i \cdot \left(\frac{\partial v_z}{\partial y} - \frac{\partial v_y}{\partial z}\right) + j \cdot \left(\frac{\partial v_x}{\partial z} - \frac{\partial v_z}{\partial x}\right) + k \cdot \left(\frac{\partial v_y}{\partial x} - \frac{\partial v_x}{\partial y}\right)$$

definiert wird. Unter Beachtung von Gl. (2.43) und (2.44) folgt daraus

$$rot\,\vec{v} = i \cdot (w_x + w_x) + j \cdot (w_y + w_y) + k \cdot (w_z + w_z) \tag{2.45}$$

$$\text{bzw.} \quad rot\,\vec{v} = 2 \cdot \vec{w} \tag{2.46}$$

$$\text{oder} \quad \vec{w} = \frac{1}{2} \cdot rot\,\vec{v}$$

$$\text{mit} \quad w_x = \frac{1}{2} \cdot \left(\frac{\partial v_z}{\partial y} - \frac{\partial v_y}{\partial z}\right) \tag{2.47}$$

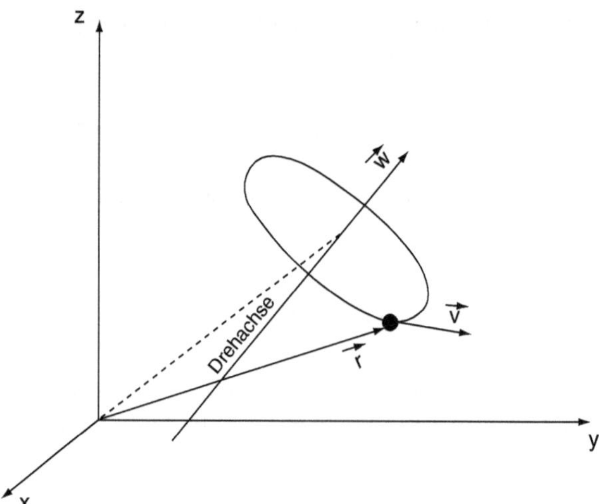

Abb. 2.9 Flüssigkeitsteilchen auf einer Kreisbahn

$$w_y = \frac{1}{2} \cdot \left(\frac{\partial v_x}{\partial z} - \frac{\partial v_z}{\partial x} \right) \tag{2.48}$$

$$w_z = \frac{1}{2} \cdot \left(\frac{\partial v_y}{\partial x} - \frac{\partial v_x}{\partial y} \right). \tag{2.49}$$

Für eine Potenzialströmung (keine geschlossenen Bahnlinien) ist in allen Punkten des Strömungsfeldes

$$rot\, \vec{v} = 0$$

bzw.

$$w_x = w_y = w_z = 0. \tag{2.50}$$

Diese Bedingung (Strömungszustand) wird als Wirbelfreiheit bezeichnet.

2.3 Interpretation und Anwendung der Bewegungsgleichungen

Unter Beachtung der Vektorregeln (Domke 1990)

$$(\vec{v} \cdot \nabla) \cdot \vec{v} = \frac{1}{2} \cdot \nabla \vec{v}^2 - \vec{v} \times rot\, \vec{v}$$
$$\Delta \vec{v} = \nabla \cdot div\, \vec{v} - \nabla \times rot\, \vec{v}$$

und der Voraussetzung, dass nur die Massenbeschleunigung des irdischen Gravitationsfeldes in Richtung z mit

$$a_z = -g \cdot \nabla z \tag{2.51}$$

wirkt, folgt für die inkompressible Strömung aus der *Navier-Stokes-Gleichung* (2.16)

$$\frac{d\vec{v}}{dt} + \frac{1}{2} \cdot \nabla \vec{v}^2 - \vec{v} \times \mathrm{rot}\, \vec{v} = -g \cdot \nabla z - \frac{1}{\rho} \cdot \mathrm{grad\, p} + \nu \cdot (\nabla\, div\, \vec{v} - \nabla \times rot\, \vec{v}) \tag{2.52}$$

bzw. bei Quellenfreiheit ($div\, \vec{v} = 0$)

$$\frac{d\vec{v}}{dt} + \nabla \left(\frac{v^2}{2} + \frac{p}{\rho} + g \cdot z \right) = \vec{v} \times rot\, \vec{v} - \nu \cdot (\nabla \times rot\, \vec{v}). \tag{2.53}$$

Die rechte Seite der Gleichung enthält die Wirkungen der Wirbelbewegung und der Schubspannungen und charakterisiert daher den Strömungswiderstand.

Die Navier-Stokessche Bewegungsgleichung ist in dieser Form für den laminaren und turbulenten Strömungszustand gültig. Die numerische Lösung der Gleichung wird im turbulenten Bereich jedoch durch die Leistungsfähigkeit der zurzeit verfügbaren Computeranlagen begrenzt. Für die turbulente Strömung werden daher vereinfachte Turbulenzmodelle (vgl. Kap. 4) entwickelt.

Für eine zähigkeitsfreie Strömung ($\nu = 0$) vereinfacht sich die Bewegungsgleichung (2.53) zu

$$\frac{d\vec{v}}{dt} + \nabla\left(\frac{v^2}{2} + \frac{p}{\rho} + g \cdot z\right) = \vec{v} \times rot\,\vec{v}, \tag{2.54}$$

die auch als *Eulersche Bewegungsgleichung* bekannt ist.

Wird außerdem noch Wirbelfreiheit Gl. (2.50) vorausgesetzt, so ergibt sich aus Gl. (2.54)

$$\frac{d\vec{v}}{dt} + \nabla\left(\frac{v^2}{2} + \frac{p}{\rho} + g \cdot z\right) = 0. \tag{2.55}$$

Für eine wirbelfreie Strömung (Potenzialströmung.) kann somit der Geschwindigkeitsvektor als Gradient einer Potenzialfunktion $\Phi(x, y, z, t)$ betrachtet werden, d. h., es ist

$$\vec{v} = \nabla\Phi \tag{2.56}$$

mit

$$v_x = \frac{\partial\Phi}{\partial x},\ v_y = \frac{\partial\Phi}{\partial y},\ v_z = \frac{\partial\Phi}{\partial z} \text{ und } \frac{\partial\vec{v}}{\partial t} = \nabla\frac{\partial\Phi}{\partial t} \tag{2.57}$$

(vgl. Abschn. 2.4).

Unter Beachtung von Gl. (2.56) folgt aus Gl. (2.55) weiter

$$\nabla\left(\frac{v^2}{2} + \frac{p}{\rho} + g \cdot z + \frac{\partial\Phi}{\partial t}\right) = 0. \tag{2.58}$$

Die Integration dieser Gleichung liefert die *Bernoullische Gleichung* für die instationären Potenzialströmungen

$$\frac{v^2}{2 \cdot g} + \frac{p}{\rho \cdot g} + z = C(\mathrm{t}) - \frac{1}{g} \cdot \frac{\partial\Phi}{\partial t}. \tag{2.59}$$

Darin bezeichnet C(t) eine zeitabhängige Konstante. Im stationären Fall folgt daraus die bekannte Beziehung

$$\frac{v^2}{2 \cdot g} + \frac{p}{\rho \cdot g} + z = C. \tag{2.60}$$

2.4 Zweidimensionale, reibungsfreie Strömung

In einem zweidimensionalen Strömungsfeld wird der Geschwindigkeitsvektor $\vec{v}$ in einem Punkt von den Komponenten v_x und v_y gebildet (Abb. 2.10).

Mit den Geschwindigkeitskomponenten kann eine *Stromfunktion* Ψ über ihre Ableitungen definiert werden:

$$\frac{\partial \Psi}{\partial y} = v_x \qquad \frac{\partial \Psi}{\partial x} = -v_y \tag{2.61}$$

Die Werte der Stromfunktion Ψ können als senkrechte „Höhen" über der Strömungsebene betrachtet werden, deren Endpunkte über der Strömungsebene eine Ψ-Fläche aufspannen. Das Gefälle (Neigung) dieser Fläche in $y-$Richtung stellt dann in einem Punkt x, y die Geschwindigkeitskomponente in $x-$Richtung dar, und das Gefälle in $x-$Richtung ist gleich dem negativen Wert der Geschwindigkeitskomponente in $y-$Richtung.

Setzt man die Definitionsgleichungen der Stromfunktion (2.61) in die zweidimensionale Kontinuitätsgleichung (vgl. Abschn. 2.1.2.1) ein, so erhält man

$$\frac{\partial v_x}{\partial x} + \frac{\partial v_y}{\partial y} = \frac{\partial^2 \Psi}{\partial x \cdot \partial y} - \frac{\partial^2 \Psi}{\partial y \cdot \partial x} \equiv 0. \tag{2.62}$$

Das bedeutet, dass eine Strömung, die durch die Stromfunktion beschrieben werden kann, auch die Kontinuitätsbedingung erfüllt.

Setzt man die Gleichungen der Stromfunktion in die Gleichung einer Stromlinie ein, einer Linie, deren Tangente in jedem Punkt die Richtung des Geschwindigkeitsvektors $\vec{v}$ angibt, so folgt aus

$$\frac{v_x}{v_y} = \frac{dx}{dy}$$

bzw. aus

$$v_x \cdot dy - v_y \cdot dx = 0. \tag{2.63}$$

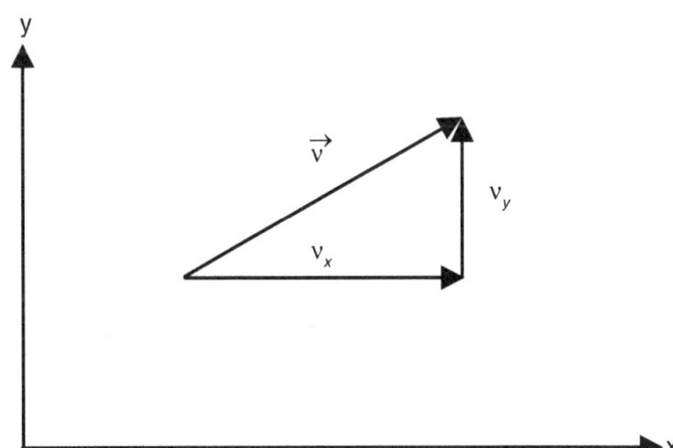

Abb. 2.10 Geschwindigkeitsvektor $\vec{v}(v_x, v_y)$ im zweidimensionalen Strömungsfeld x, y

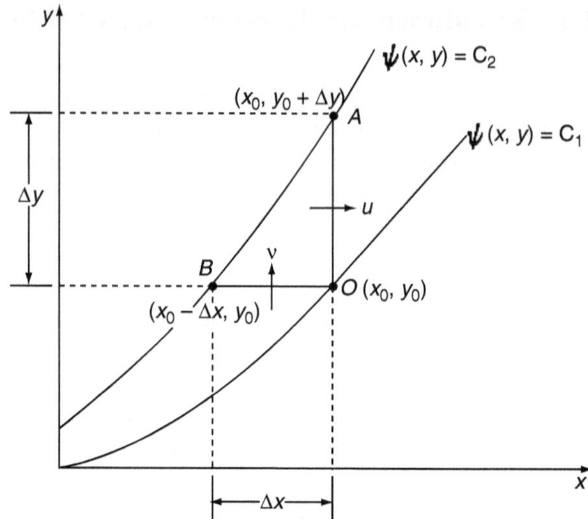

Abb. 2.11 Spuren der Stromfunktion $\Psi(x, y)$ in der x, y-Ebene (nach Robertson und Crowe 1995)

die Beziehung für das totale Differential für $d\Psi$

$$\frac{\partial \Psi}{\partial y} \cdot dy + \frac{\partial \Psi}{\partial x} \cdot dx = d\Psi = 0. \tag{2.64}$$

Wenn das totale Differential $d\Psi$ entlang einer Stromlinie sich nicht ändert, so bedeutet das, dass der Wert Ψ entlang einer Stromlinie konstant ist.

In der Abb. 2.11 bilden z. B. die Spuren der Stromfunktionen $\Psi(x, y) = C_1$ und $\Psi(x, y) = C_2$ in der Strömungsebene Stromlinien. Der Durchfluss zwischen diesen Stromlinien wird dann von der Differenz $C_2 - C_1$ bestimmt. Der Durchfluss senkrecht der Linie OA ergibt sich z. B. für die Einheit der Wassertiefe aus

$$q = v_x \cdot \Delta y \tag{2.65}$$

bzw.

$$q = C_2 - C_1 = \Psi(x_0, y_0 + \Delta y) - \Psi(x_0, y_0). \tag{2.66}$$

Daraus folgt die bekannte Geschwindigkeitskomponente

$$v_x = \lim_{\Delta y \to 0} \frac{\Psi(x_0, y_0 + \Delta y) - \Psi(x_0, y_0)}{\Delta y} = \frac{\partial \Psi}{\partial y}. \tag{2.67}$$

Der Durchfluss senkrecht zur Linie BO folgt aus

$$q = v_y \cdot \Delta x \tag{2.68}$$

mit

$$v_y = \lim_{\Delta x \to 0} \frac{\Psi(x_0 - \Delta x, y_0) - \Psi(x_0, y_0)}{\Delta x} = -\frac{\partial \Psi}{\partial x}. \tag{2.69}$$

Aus Gl. (2.58) folgt für eine *stationäre* zweidimensionale Strömung mit der Tiefe $h = (z + (P/\rho \cdot g))$

$$\begin{aligned} v_x \cdot \frac{\partial v_x}{\partial x} + v_y \cdot \frac{\partial v_x}{\partial y} &= -g \cdot \frac{\partial h}{\partial x} \\ v_x \cdot \frac{\partial v_y}{\partial x} + v_y \cdot \frac{\partial v_y}{\partial y} &= -g \cdot \frac{\partial h}{\partial y}. \end{aligned} \tag{2.70}$$

Bildet man die partielle Ableitung der ersten Gleichung von Gl. (2.70) nach y und die partielle Ableitung der zweiten Gleichung nach x und subtrahiert dann die erste Gleichung von der zweiten Gleichung, so folgt

$$\begin{aligned} &v_x \cdot \frac{\partial}{\partial x}\left(\frac{\partial v_y}{\partial x} - \frac{\partial v_x}{\partial y}\right) + v_y \cdot \frac{\partial}{\partial y}\left(\frac{\partial v_y}{\partial x} - \frac{\partial v_x}{\partial y}\right) \\ &+ \left(\frac{\partial v_x}{\partial x} + \frac{\partial v_y}{\partial y}\right) \cdot \left(\frac{\partial v_y}{\partial x} - \frac{\partial v_x}{\partial y}\right) = 0. \end{aligned} \tag{2.71}$$

Man erkennt, dass in jedem Glied der Gleichung der Ausdruck

$$\left(\frac{\partial v_y}{\partial x} - \frac{\partial v_x}{\partial y}\right) \tag{2.72}$$

enthalten ist, mit dem die senkrechte Komponente (z-Richtung) des Wirbelvektors gebildet wird. Aus diesem Zusammenhang folgt:

Wenn eine Strömung am Anfang wirbelfrei ist, d. h., wenn der Ausdruck (2.72) gleich null ist, so bleibt die Strömung wirbelfrei. Setzt man in die Bedingung der Wirbelfreiheit

$$\left(\frac{\partial v_y}{\partial x} - \frac{\partial v_x}{\partial y}\right) - 0$$

wieder die Definitionsgleichungen der Stromfunktion ein, erhält man ebenfalls eine Laplace-Gleichung

$$\frac{\partial^2 \Psi}{\partial x^2} + \frac{\partial^2 \Psi}{\partial y^2} = 0. \tag{2.73}$$

Mit den Geschwindigkeitskomponenten eines zweidimensionalen Strömungsfeldes kann auch eine „Potenzialfunktion" über ihre Ableitungen definiert werden:

$$\frac{\partial \Phi}{\partial x} = v_x \quad \text{und} \quad \frac{\partial \Phi}{\partial y} = v_y. \tag{2.74}$$

Die Werte der Potenzialfunktion Φ können wieder als senkrechte „Höhen" über der Strömungsebene betrachtet werden, so dass über der Strömungsebene eine Φ-Fläche entsteht. Das Gefälle dieser Fläche in eine Koordinatenrichtung gibt dann wieder die Geschwindigkeitskomponente in dieser Richtung an.

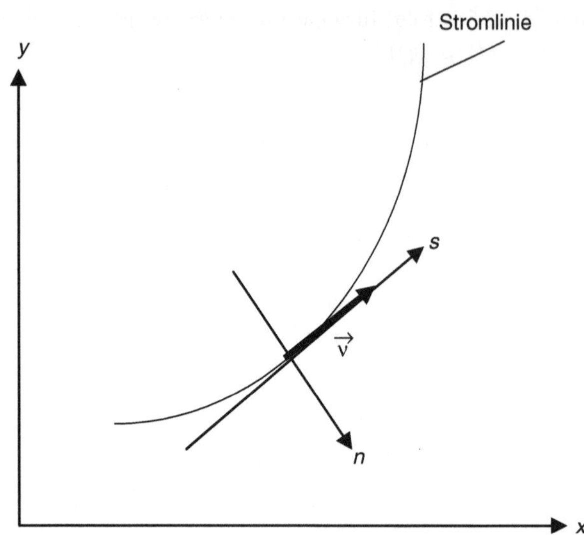

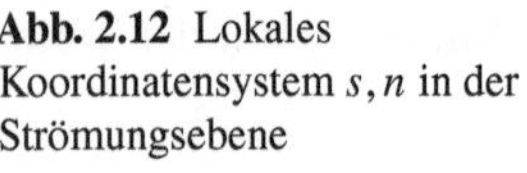
Abb. 2.12 Lokales Koordinatensystem s, n in der Strömungsebene

Legt man ein Koordinatensystem s, n so in die Strömungsebene, dass die Koordinate s genau mit einer Stromlinie zusammenfällt (vgl. Abb. 2.12), so ist entsprechend der Definition einer Stromlinie die Geschwindigkeitskomponente in n-Richtung gleich null.

Man erhält also

$$\frac{\partial \Phi}{\partial s} = v \tag{2.75}$$

und

$$\frac{\partial \Phi}{\partial n} = 0. \tag{2.76}$$

Aus Gl. (2.76) folgt somit, dass in n-Richtung der Wert Φ konstant ist.

Diese Linien, für die der Wert Φ im Strömungsfeld konstant ist, werden als Potenziallinien bezeichnet. Sie kreuzen die Stromlinien immer in einem rechten Winkel und bilden zusammen mit den Stromlinien ein hydrodynamisches Netz (Abb. 2.13).

Zusammenfassend kann festgestellt werden, dass die reibungsfreie zweidimensionale Strömung nur mit einer Variablen, der Stromfunktion Ψ beschrieben werden kann und der Strömungsvorgang durch die Lösung der mit der Stromfunktion gebildeten Laplace-Gleichung eindeutig bestimmt ist.

2.5 Zweidimensionale, viskose Strömung

Die Kontinuitätsgleichungen (2.62), die die Erhaltung der Masse beinhalten, sind für reibungsfreie und viskose Strömungen gleich. Die Impulstransportgleichungen berücksichtigen gegenüber den reibungsfreien Strömungen die innere Reibung

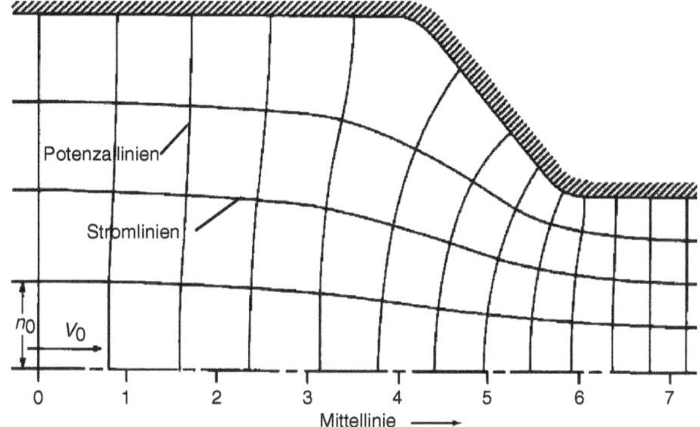

Abb. 2.13 Hydrodynamisches Netz

infolge der kinematischen Viskosität ν und werden als Navier-Stokes-Gleichungen bezeichnet. Sie lauten für die zweidimensionale stationäre Strömung

$$v_x \cdot \frac{\partial v_x}{\partial x} + v_y \cdot \frac{\partial v_x}{\partial y} = -\frac{1}{\rho} \cdot \frac{\partial p}{\partial x} + \nu \cdot \left(\frac{\partial^2 v_x}{\partial x^2} + \frac{\partial^2 v_x}{\partial y^2} \right) \quad \text{und}$$

$$v_x \cdot \frac{\partial v_y}{\partial x} + v_y \cdot \frac{\partial v_y}{\partial y} = -\frac{1}{\rho} \cdot \frac{\partial p}{\partial y} + \nu \cdot \left(\frac{\partial^2 v_y}{\partial x^2} + \frac{\partial^2 v_y}{\partial y^2} \right). \tag{2.77}$$

Bildet man wieder die partielle Ableitung der ersten Gleichung des Systems (2.77) nach y und die partielle Ableitung der zweiten Gleichung nach x und subtrahiert dann die erste Gleichung von der zweiten, so können die Druckglieder eliminiert werden. Man erhält

$$v_x \cdot \frac{\partial}{\partial x} \left(\frac{\partial v_y}{\partial x} - \frac{\partial v_x}{\partial y} \right) + v_y \cdot \frac{\partial}{\partial y} \left(\frac{\partial v_y}{\partial x} - \frac{\partial v_x}{\partial y} \right) + \left(\frac{\partial v_x}{\partial x} + \frac{\partial v_y}{\partial y} \right) \cdot \left(\frac{\partial v_y}{\partial x} - \frac{\partial v_x}{\partial y} \right)$$

$$= \nu \cdot \left(\frac{\partial^2}{\partial x^2} \left(\frac{\partial v_y}{\partial x} - \frac{\partial v_x}{\partial y} \right) + \frac{\partial^2}{\partial y^2} \left(\frac{\partial v_y}{\partial x} - \frac{\partial v_x}{\partial y} \right) \right). \tag{2.78}$$

Unter Beachtung, dass

$$\frac{\partial v_x}{\partial x} + \frac{\partial v_y}{\partial y} = 0$$

ist (Kontinuitätsgleichung) und mit der z-Komponente des Wirbelvektors geschrieben werden kann

$$\Omega_z = 2 \cdot w_z = \frac{\partial v_y}{\partial x} - \frac{\partial v_x}{\partial y}, \tag{2.79}$$

folgt aus Gl. (2.78)

$$v_x \cdot \frac{\partial \Omega_z}{\partial x} + v_y \cdot \frac{\partial \Omega_z}{\partial y} = \nu \cdot \left(\frac{\partial^2 \Omega_z}{\partial x^2} + \frac{\partial^2 \Omega_z}{\partial y^2} \right). \tag{2.80}$$

Mit dem totalen Differential

$$d\Omega_z = \frac{\partial \Omega_z}{\partial t} \cdot dt + \frac{\partial \Omega_z}{\partial x} \cdot dx + \frac{\partial \Omega_z}{\partial y} \cdot dy \tag{2.81}$$

ergibt sich schließlich für die stationäre Strömung

$$\frac{d\Omega_z}{dt} = \frac{\partial \Omega_z}{\partial x} \cdot v_x + \frac{\partial \Omega_z}{\partial y} \cdot v_y = \nu \cdot \left(\frac{\partial^2 \Omega_z}{\partial x^2} + \frac{\partial^2 \Omega_z}{\partial y^2} \right). \tag{2.82}$$

Aus Gl. (2.82) ist ersichtlich, dass durch das Vorhandensein der Viskosität die Wirbelbewegung entlang einer Stromlinie verändert wird und die Strömung daher nicht als wirbelfrei betrachtet werden kann. Sie kann nur durch zwei unabhängige Parameter, die Stromfunktion und den Wirbelvektor, beschrieben werden. Der Zusammenhang mit der Stromfunktion kann hergestellt werden, indem in Gl. (2.82) die Geschwindigkeitskomponenten durch Ableitungen der Stromfunktion ersetzt werden. Man erhält also mit

$$\frac{\partial v_y}{\partial x} = -\frac{\partial^2 \Psi}{\partial x^2} \quad \text{und} \quad \frac{\partial v_x}{\partial y} = \frac{\partial^2 \Psi}{\partial y^2}$$

die Beziehung

$$\frac{\partial^2 \Psi}{\partial x^2} + \frac{\partial^2 \Psi}{\partial y^2} = -\Omega_z. \tag{2.83}$$

Für die Analyse der viskosen zweidimensionalen Strömung müssen also die Gl. (2.82) und (2.83) beachtet werden (Robertson und Crowe 1995). Der Ansatz der Stromfunktion in Verbindung mit dem Wirbelvektor wurde oft zur Berechnung zweidimensionaler inkompressibler Strömungen herangezogen. Die Anwendung ging jedoch in den letzten Jahren zurück, da eine Erweiterung dieses Ansatzes auf dreidimensionale Strömungen schwierig ist (Ferziger und Perić 2008).

2.6 Nichtstationäre Strömungen – Oberflächenwellen

Nichtstationäre Strömungen, die mit Oberflächenwellen verbunden sind, führen im Allgemeinen zu einer Verformung des Wasserkörpers, die im Folgenden als einfache topologische Deformationen betrachtet werden sollen, die kontinuierlich von der Zeit abhängen und bei denen der Einfluss der Viskosität und der Reibung in den Grenzflächen in erster Näherung vernachlässigt werden kann. Aus diesen Voraussetzungen ergibt sich, dass Flüssigkeitsteilchen, die einmal in eine Grenzfläche gelangen, in ihr verbleiben.

Die vorausgesetzte Bewegung einer idealen Flüssigkeit kann mit der Kontinuitätsgleichung

$$\frac{\partial v_x}{\partial x} + \frac{\partial v_y}{\partial y} + \frac{\partial v_z}{\partial z} = 0, \tag{2.84}$$

den Eulerschen Bewegungsgleichungen

$$\begin{aligned}
\frac{\partial v_x}{\partial t} + v_x \cdot \frac{\partial v_x}{\partial x} + v_y \cdot \frac{\partial v_x}{\partial y} + v_z \cdot \frac{\partial v_x}{\partial z} &= -\frac{1}{\rho} \cdot \frac{\partial p}{\partial x} \\
\frac{\partial v_y}{\partial t} + v_x \cdot \frac{\partial v_y}{\partial x} + v_y \cdot \frac{\partial v_y}{\partial y} + v_z \cdot \frac{\partial v_y}{\partial z} &= -\frac{1}{\rho} \cdot \frac{\partial p}{\partial y} - g \\
\frac{\partial v_z}{\partial t} + v_x \cdot \frac{\partial v_z}{\partial x} + v_y \cdot \frac{\partial v_z}{\partial y} + v_z \cdot \frac{\partial v_z}{\partial z} &= -\frac{1}{\rho} \cdot \frac{\partial p}{\partial z}
\end{aligned} \tag{2.85}$$

und den Bedingungen der Wirbelfreiheit

$$\frac{\partial v_z}{\partial y} = \frac{\partial v_y}{\partial z}, \quad \frac{\partial v_x}{\partial z} = \frac{\partial v_z}{\partial x} \quad \text{und} \quad \frac{\partial v_y}{\partial x} = \frac{\partial v_x}{\partial y} \tag{2.86}$$

beschrieben werden.

Die mit Luft umgebene Oberfläche wird als „freie Oberfläche“ bezeichnet, da ihre Lage veränderlich ist und sie nicht als Randbedingung vorgeschrieben werden kann. Für ihre Beschreibung wird die Funktion

$$\varsigma(x, y, z; t) = 0 \tag{2.87}$$

eingeführt, deren totales Differential sich aus dem folgenden Ausdruck ergibt:

$$\frac{d\varsigma}{dt} = v_x \cdot \frac{\partial \varsigma}{\partial x} + v_y \cdot \frac{\partial \varsigma}{\partial y} + v_z \cdot \frac{\partial \varsigma}{\partial z} + \frac{\partial \varsigma}{\partial t} = 0. \tag{2.88}$$

Wird für die freie Oberfläche

$$y = \eta(x, z; t) \tag{2.89}$$

geschrieben, so erhält man die Grenzflächenfunktion durch

$$\varsigma = y - \eta(x, z; t) = 0 \tag{2.90}$$

und aus Gl. (2.88) folgt für $y = \eta$ die kinematische Bedingung für die freie Oberfläche

$$v_x \cdot \frac{\partial \eta}{\partial x} - v_y + v_z \cdot \frac{\partial \eta}{\partial z} + \frac{\partial \eta}{\partial t} = 0 \tag{2.91}$$

(Stoker 1948).

Als dynamische Bedingung gilt

$$p = 0. \tag{2.92}$$

Im Bereich der Sohle erhält man für $y = -h(x, z)$ die Grenzbedingung

$$v_x \cdot \frac{\partial h}{\partial x} + v_y + v_z \cdot \frac{\partial h}{\partial z} = 0 \tag{2.93}$$

(vgl. Abb. 2.14).

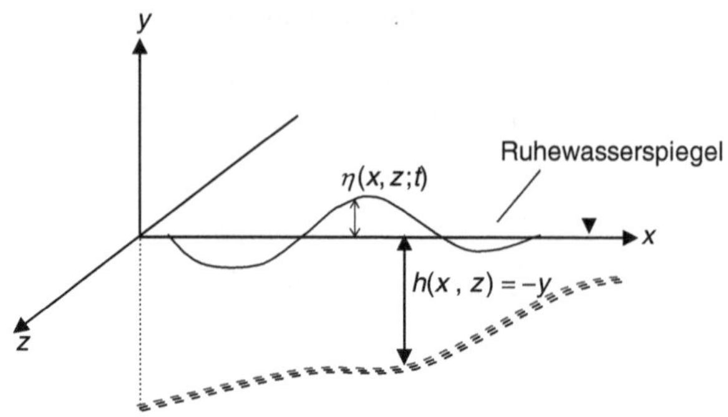

Abb. 2.14 Nichtstationäre Wasserbewegung mit Oberflächenwelle

Zu dem aufgestellten Gleichungssystem (Gl. (2.84) bis (2.93)) müssen nun noch die Anfangsbedingungen hinzugefügt werden:

Würde die Bewegung z. B. aus der Ruhelage erfolgen, wäre

$$\eta(x, z; t) = 0 \quad \text{für} \quad t = 0$$

sowie

$$v_x = v_y = v_z = 0 \quad \text{für} \quad t = 0.$$

Als Anfangsbedingungen können aber auch ein Geschwindigkeitsfeld und eine Funktion $\eta = \eta(x, z; t)$ vorgeschrieben werden.

Eine allgemeine Lösung des für die Beschreibung der Oberflächenwellen aufgestellten Differentialgleichungssystems (Gl. (2.84) bis (2.93)) kann infolge unüberwindlicher mathematischer Schwierigkeiten nicht angegeben werden. Diese Schwierigkeiten entstehen durch den nichtlinearen Charakter des Systems und dadurch, dass der Bereich, über dem sich die Oberflächenwellen zu einer bestimmten Zeit ausgebreitet haben, von vornherein nicht bekannt ist, sondern erst mit der gesuchten Lösung bestimmt wird.

Die Lösung der vollen nichtlinearen Version des Differentialgleichungssystems, die mitunter auch als „exakte Theorie" bezeichnet wird, ist bisher nur für einige spezielle zweidimensionale Probleme gelungen, z. B. für die Entstehung von Dammbruchwellen (Pohle 1952) und für die Bildung von Einzelwellen (Stoker 1948).

Um für andere wichtige Probleme Lösungen zu erhalten, ist man gezwungen, zusätzliche Annahmen zu treffen. In dieser Hinsicht haben sich zwei grundlegende Theorien entwickelt:

Bei der ersten wird die Wellenamplitude gegenüber der Wassertiefe als kleine Größe betrachtet, Diese Annahme führt zu einer Linearisierung und zu klassischen Grenzwertproblemen. Sie wird daher oft als „lineare Wellentheorie" bezeichnet (Stoker 1957). Mit dieser Theorie können die Wellen als einfache harmonische Schwingungen betrachtet werden (Meereswellen). Bei nichtlinearen Problemen lässt sich die Veränderung der Wellenparameter in Abhängigkeit von Ort und Zeit untersuchen. Es handelt sich bei diesen Wellen vorzugsweise um Energietransport.

Bei der zweiten Theorie wird angenommen, dass sich die Wassertiefe in Bezug auf eine andere charakteristische Länge, z. B. auf die horizontale Ausdehnung der Wasserbewegung, eine kleine Größe ist. Diese Annahme führt zu einer nichtlinearen Theorie, die als Flachwassertheorie (shallow water theory) bekannt ist. Sie findet Anwendung bei der Untersuchung von Flut- und Hochwasserwellen sowie von Wellen in Schifffahrtskanälen beim Schleusen von Schiffen und bei der Beschreibung von Gezeitenwellen an Meeresküsten. Diese Wellen sind immer mit einem bedeutenden Massentransport verbunden.

Beide Theorien lassen sich formal aus den Grundgleichungen der exakten Theorie mit einem von dem Mathematiker Friedrichs entwickelten Störungsverfahren ableiten (Friedrichs 1948).

Um die Handhabung dieses Verfahrens zu zeigen, wird im folgenden Abschnitt mit dem Störungsverfahren die Flachwassertheorie exemplarisch abgeleitet.

2.6.1 Entwicklung der Grundgleichungen der Flachwassertheorie

Bei dem angewendeten Störungsverfahren werden die gesuchten Funktionen als Potenzreihen eines dimensionslosen Parameters dargestellt, der in der Form

$$\sigma = \frac{d^2}{k^2} \tag{2.94}$$

eingeführt werden soll. Darin bezeichnet d eine beliebige Wassertiefe und k die zugehörige horizontale Entfernung zu einem Bezugspunkt. Durch die Wahl dieses Parameters wird der Einfluss der zusätzlich zu den Voraussetzungen der exakten Theorie getroffenen Annahmen deutlich. Wenn z. B. der Parameter genügend klein ist, sind zur Beschreibung der gesuchten Funktionen nur wenige Glieder der Potenzreihen erforderlich.

Den Ausgangspunkt bildet das Differentialgleichungssystem der exakten Theorie (Gl. (2.84) bis Gl. (2.93)), in dem zunächst die folgenden dimensionslosen Variablen eingeführt werden:

$$x^* = \frac{x}{k}, \; y^* = \frac{y}{d}, \; z^* = \frac{z}{k} \quad \text{und} \quad t^* = \frac{t \cdot \sqrt{g \cdot d}}{k}, \tag{2.95}$$

$$v_x^* = \frac{v_x}{\sqrt{g \cdot d}}, \; v_y^* = \frac{v_y}{\dfrac{k \cdot \sqrt{g \cdot d}}{d}}, \; v_z^* = \frac{v_z}{\sqrt{g \cdot d}}, \tag{2.96}$$

$$\eta^* = \frac{\eta}{d}, \; h^* = \frac{h}{d} \quad \text{und} \quad p^* = \frac{p}{\rho \cdot g \cdot d}. \tag{2.97}$$

Mit diesen dimensionslosen Variablen erhält man das Ausgangssystem in folgender Form (Zur Vereinfachung wurde die Kennzeichnung mit * fortgelassen):

$$\sigma \cdot \left[\frac{\partial v_x}{\partial x} + \frac{\partial v_z}{\partial z} \right] + \frac{\partial v_y}{\partial y} = 0, \tag{2.98}$$

$$\sigma \cdot \left[\frac{\partial v_x}{\partial t} + v_x \cdot \frac{\partial v_x}{\partial x} + v_z \cdot \frac{\partial v_x}{\partial z} + \frac{\partial p}{\partial x} \right] + v_y \cdot \frac{\partial v_x}{\partial y} = 0, \tag{2.99}$$

$$\sigma \cdot \left[\frac{\partial v_y}{\partial t} + v_x \cdot \frac{\partial v_y}{\partial x} + v_z \cdot \frac{\partial v_y}{\partial z} + \frac{\partial p}{\partial y} + 1 \right] + v_y \cdot \frac{\partial v_y}{\partial y} = 0, \tag{2.100}$$

$$\sigma \cdot \left[\frac{\partial v_z}{\partial t} + v_x \cdot \frac{\partial v_z}{\partial x} + v_z \cdot \frac{\partial v_z}{\partial z} + \frac{\partial p}{\partial z} \right] + v_y \cdot \frac{\partial v_z}{\partial y} = 0, \tag{2.101}$$

$$\frac{\partial v_z}{\partial y} = \frac{\partial v_y}{\partial z}, \quad \frac{\partial v_x}{\partial z} = \frac{\partial v_z}{\partial x}, \quad \frac{\partial v_y}{\partial x} = \frac{\partial v_x}{\partial y} \tag{2.102}$$

$$\sigma \cdot \left[\frac{\partial \eta}{\partial t} + v_x \cdot \frac{\partial \eta}{\partial x} + v_z \cdot \frac{\partial \eta}{\partial z} \right] = v_y \quad \text{für} \quad y = \eta, \tag{2.103}$$

$$p = 0 \quad \text{für} \quad y = \eta, \tag{2.104}$$

$$\sigma \cdot \left[v_x \cdot \frac{\partial h}{\partial x} + v_z \cdot \frac{\partial h}{\partial z} \right] + v_y = 0 \quad \text{für} \quad y = -h. \tag{2.105}$$

Die abhängigen Variablen v_x, v_y, v_z, p und η werden nun durch Potenzreihen von σ ausgedrückt. Für v_x lautet die Potenzreihe z. B.

$$v_x = v_x^{(0)} + v_x^{(1)} \cdot \sigma + v_x^{(2)} \cdot \sigma^2 + v_x^{(3)} \cdot \sigma^3 + \ldots \tag{2.106}$$

Aus dem Koeffizientenvergleich für $\sigma^{(0)}$ und $\sigma^{(1)}$ sowie der Rücktransformation auf die dimensionsbehafteten Variablen erhält man schließlich

$$\begin{aligned} \frac{\partial v_x}{\partial t} + v_x \cdot \frac{\partial v_x}{\partial x} + v_z \cdot \frac{\partial v_x}{\partial z} + g \cdot \frac{\partial \eta}{\partial x} &= 0, \\ \frac{\partial v_z}{\partial t} + v_x \cdot \frac{\partial v_z}{\partial x} + v_z \cdot \frac{\partial v_z}{\partial z} + g \cdot \frac{\partial \eta}{\partial z} &= 0, \\ \frac{\partial \eta}{\partial t} + \frac{\partial \left[v_x \cdot (\eta + h) \right]}{\partial x} + \frac{\partial \left[v_z \cdot (\eta + h) \right]}{\partial z} &= 0. \end{aligned} \tag{2.107}$$

Das entwickelte System (2.107) bildet die Grundgleichungen der zweidimensionalen Flachwassertheorie. Eine ausführliche Ableitung der Grundgleichungen ist im Anhang 1 dargestellt.

Es ist leicht einzusehen, dass das dargestellte mathematische Verfahren fortgesetzt und das System durch Glieder aus weiteren Näherungen ergänzt werden kann. Die dadurch zu erwartende, erschwerte Auswertung des Systems hat jedoch diese Entwicklungen bisher verhindert.

Aus der formalen Entwicklung des Systems (2.107) geht hervor, dass gegenüber dem Ausgangssystem der exakten Theorie die Wirkung der senkrechten Geschwindigkeitskomponente v_y vernachlässigt und daher mit einer hydrostatischen Druckverteilung gerechnet wird.

Das System (2.107) wird z. B. für die Beschreibung der Wasserbewegung im Küstenbereich herangezogen und dafür noch mit Gliedern zur Erfassung des Reibungseinflusses und der Corioliskraft erweitert und mit Finite-Differenzen-Methoden ausgewertet.

2.6.2 Eindimensionale Flachwassertheorie

Die Eigenschaften und Lösungsmöglichkeiten der Flachwassertheorie lassen sich gut anhand eines eindimensionalen Systems darstellen, das aus den Grundgleichungen entsteht, wenn alle Komponenten der Variablen in z-Richtung null gesetzt werden. Man erhält dann das System

$$\frac{\partial v_x}{\partial t} + v_x \cdot \frac{\partial v_x}{\partial x} + g \cdot \frac{\partial \eta}{\partial x} = 0 \tag{2.108}$$

$$\frac{\partial \eta}{\partial t} + \frac{\partial \left[v_x \cdot (\eta + h)\right]}{\partial x} = 0. \tag{2.109}$$

Dieses System besteht aus einer Bewegungsgleichung (2.108) und einer Kontinuitätsgleichung (2.109) und beschreibt z. B. die eindimensionale Wasserbewegung in einem Staubecken (Abb. 2.15).

Führt man in dieses System die Wellengeschwindigkeit der einzelnen Elemente der Flachwasserwelle mit

$$c = \sqrt{g \cdot (h + \eta)} \tag{2.110}$$

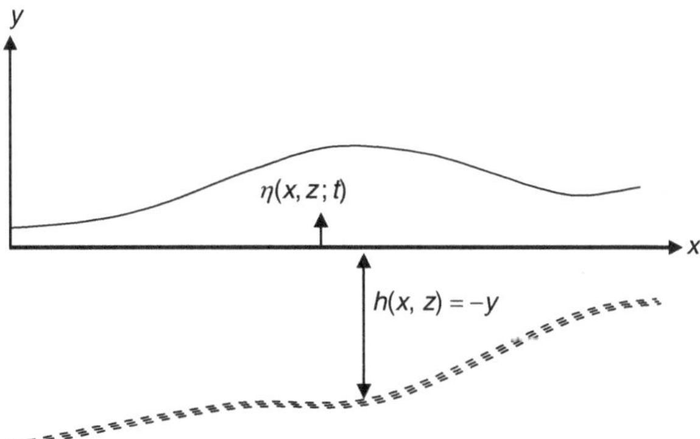

Abb. 2.15 Eindimensionale Flachwasserwelle

und den partiellen Ableitungen

$$\frac{\partial c}{\partial x} = \frac{g \cdot \left(\frac{\partial \eta}{\partial x} + \frac{\partial h}{\partial x}\right)}{2 \cdot c} \quad \text{sowie} \quad \frac{\partial c}{\partial t} = \frac{g \cdot \frac{\partial \eta}{\partial t}}{2 \cdot c} \tag{2.111}$$

ein, so erhält man das System aus den Gl. (2.110) und (2.111) in der Form

$$\begin{aligned} \frac{\partial v_x}{\partial t} + v_x \cdot \frac{\partial v_x}{\partial x} + 2 \cdot c \cdot \frac{\partial c}{\partial x} - g \cdot \frac{\partial h}{\partial x} &= 0 \\ 2 \cdot \frac{\partial c}{\partial t} + 2 \cdot v_x \cdot \frac{\partial c}{\partial x} + c \cdot \frac{\partial v_x}{\partial x} &= 0. \end{aligned} \tag{2.112}$$

Das vorliegende, zweigliedrige hyperbolische Differentialgleichungssystem könnte für vorgegebene Anfangs- und Randbedingungen mit numerischen Methoden ausgewertet werden. Die Eigenschaften des Systems können aber am besten mit dem sog. Charakteristikenverfahren dargestellt werden. Dafür werden zunächst die charakteristischen Gleichungen ermittelt:

Addiert man beide Gleichungen des Systems (2.112), so kann für den Fall, dass die Sohlneigung konstant ist, also für

$$g \cdot \frac{\partial h}{\partial x} = m = const.$$

das Ergebnis wie folgt geschrieben werden:

$$\left\{\frac{\partial}{\partial t} + (v_x + c) \cdot \frac{\partial}{\partial x}\right\} \cdot (v_x + 2 \cdot c - m \cdot t) = 0. \tag{2.113}$$

Aus der Subtraktion von Gl. (2.112) folgt:

$$\left\{\frac{\partial}{\partial t} + (v_x - c) \cdot \frac{\partial}{\partial x}\right\} \cdot (v_x - 2 \cdot c - m \cdot t) = 0. \tag{2.114}$$

Die Ausdrücke in den geschwungenen Klammern stellen differentiale Operatoren dar, die folgenden Zusammenhang verdeutlichen sollen:

Bewegt sich ein Punkt (Wellenelement) mit der Geschwindigkeit $v_x + c$ und werden an allen Stellen, wo sich der Punkt gerade befindet, die partiellen Ableitungen der Funktion $(v_x + 2 \cdot c - m \cdot t)$ nach x und t gebildet, so ergibt sich für die Ableitungen immer der Wert null, d. h., für den bewegten Punkt gilt

$$v_x + 2 \cdot c - m \cdot t = const.$$

In der x, t-Ebene würde der bewegte Punkt eine Kurve darstellen, für die

$$\frac{dx}{dt} = v_x + c \quad \text{und} \quad v_x + 2 \cdot c - m \cdot t = const.$$

gelten würde (Abb. 2.16).

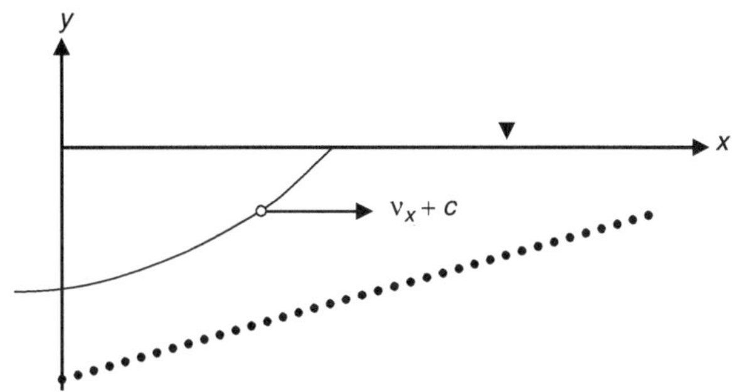

Abb. 2.16 Sunkwelle in einem Staubecken mit konstanter Sohlneigung

Analog würde für einen Punkt, der sich mit $v_x - c$ bewegen würde, eine Kurve existieren, für die

$$\frac{dx}{dt} = v_x - c \quad \text{und} \quad v_x - 2 \cdot c - m \cdot t = const.$$

gelten würde.

Man kann also schlussfolgern, dass in der x, t-Ebene zwei Kurvenscharen existieren, die die x, t-Ebene lückenlos bedecken und die mit C_1 und C_2 bezeichnet werden sollen (Abb. 2.17).

Diese Kurven werden als Charakteristiken und die zugehörigen Gleichungen

$$\frac{dx}{dt} = v_x + c \quad v_x + 2 \cdot c - m \cdot t \text{ und}$$
$$\frac{dx}{dt} = v_x - c \quad v_x - 2 \cdot c - m \cdot t \tag{2.115}$$

als charakteristische Gleichungen bezeichnet. Sie sind dem Ausgangssystem (2.12) in Bezug auf die mathematische Aussage vollkommen gleichwertig.

Es wird weiter deutlich, dass die Neigungen der Charakteristiken in der x, t-Ebene (dx/dt) mit der absoluten Ausbreitungsgeschwindigkeit einer Störung identisch sind. Wenn also in einem Punkt x_s der x, t-Ebene eine Störung auftritt – z. B. eine

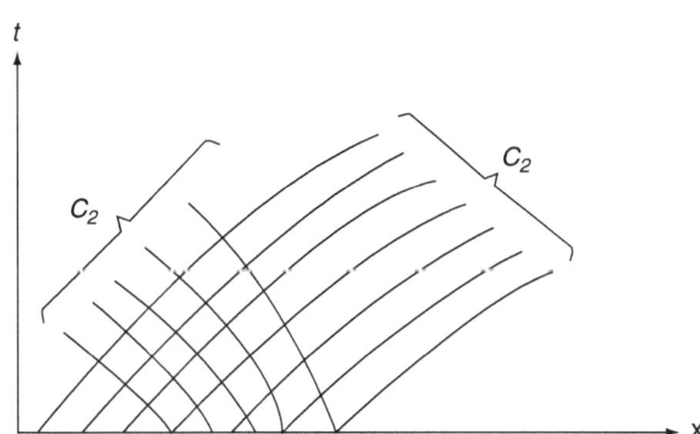

Abb. 2.17 Charakteristiken der Schar C_1 und C_2 in der x, t-Ebene

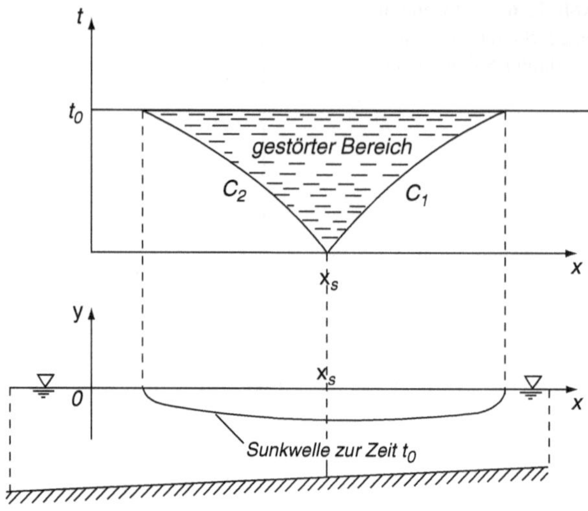

Abb. 2.18 Ausbreitung einer Sunkwelle in einem Gerinne und in der x, t-Ebene

plötzliche Wasserspiegelabsenkung durch einen Deichbruch – , dann breitet sich die Störung in einem Gebiet aus, das in der x, t-Ebene durch die durch den Punkt x_s verlaufenden Charakteristiken C_1 und C_2begrenzt wird (Abb. 2.18).

Das charakteristische System kann auch dadurch gewonnen werden, indem die Frage nach Linearkombinationen der Gleichungen des Systems (2.112) gestellt wird, für welche die Richtungen, nach denen v_x und c differenziert werden, zusammenfallen. Diese Richtungen stellen dann charakteristische Richtungen in der x, t-Ebene dar (Courant und Friedrichs 1948).

Fügt man zu den Gleichungen des Systems (2.112) noch die Gleichungen

$$dv_x = \frac{\partial v_x}{\partial t} \cdot dt + \frac{\partial v_x}{\partial x} \cdot dx \quad \text{und} \quad dc = \frac{\partial c}{\partial t} \cdot dt + \frac{\partial c}{\partial x} \cdot dx \tag{2.116}$$

hinzu, welche die Beziehungen zwischen den totalen Differentialen und den partiellen Ableitungen ausdrücken, so erhält das resultierende System die Form

$$\begin{aligned}
v_x \cdot \frac{\partial v_x}{\partial x} + 1 \cdot \frac{\partial v_x}{\partial t} \quad 2 \cdot c \cdot \frac{\partial c}{\partial x} \qquad &= m \\
c \cdot \frac{\partial v_x}{\partial x} \qquad + 2 \cdot v_x \cdot \frac{\partial c}{\partial x} + 2 \cdot \frac{\partial c}{\partial t} &= 0 \\
dx \cdot \frac{\partial v_x}{\partial x} + dt \cdot \frac{\partial v_x}{\partial t} \qquad &= dv_x \\
dx \cdot \frac{\partial c}{\partial x} + dt \cdot \frac{\partial c}{\partial t} &= dc.
\end{aligned} \tag{2.117}$$

Die charakteristischen Richtungen ergeben sich aus der Bedingung, dass die Hauptdeterminante Δ dieses Systems null ist. Aus dieser Bedingung

$$\Delta = \begin{vmatrix} v_x & 1 & 2\cdot c & 0 \\ c & 0 & 2\cdot v_x & 2 \\ dx & dt & 0 & 0 \\ 0 & 0 & dx & dt \end{vmatrix} = 0 \tag{2.118}$$

folgt

$$-2\cdot v_x^2\cdot(dt)^2 + 4\cdot v_x\cdot dx\cdot dt - 2\cdot(dx)^2 + 2\cdot c^2\cdot(dt)^2 = 0 \tag{2.119}$$

und daraus

$$\frac{dx}{dt} = v_x \pm \sqrt{v_x^2 - v_x^2 + c^2}. \tag{2.120}$$

Da beide Wurzeln reell sind, handelt es sich um ein hyperbolisches System. Die beiden charakteristischen Richtungen sind also gegeben durch

$$\frac{dx}{dt} = v_x \pm c. \tag{2.121}$$

Wird in Δ eine beliebige Spalte durch die Glieder der rechten Seite des Systems (2.117) ersetzt, so erhält man die Determinante δ. Aus der Bedingung $\delta = 0$ können dann in der v_x, c-Ebene die charakteristischen Richtungen ermittelt werden (Faure und Nahas 1961). Aus

$$\delta = \begin{vmatrix} v_x & 1 & 2\cdot c & m \\ c & 0 & 2\cdot v_x & 0 \\ dx & dt & 0 & dv_x \\ 0 & 0 & dx & dc \end{vmatrix} = 0 \tag{2.122}$$

folgt

$$\begin{gathered} -v_x\cdot 2\cdot v_x\cdot dt\cdot dc + c\cdot dv_x\cdot dx + 2\cdot v_x\cdot dx\cdot dc + 2\cdot c\cdot c\cdot dt\cdot dc \\ -m\cdot c\cdot dt\cdot dx = 0 \end{gathered}$$

und unter Beachtung von (2.121)

$$\frac{dv_x}{dt} \pm 2\cdot\frac{dc}{dt} - m = 0. \tag{2.123}$$

Man erkennt, dass Gl. (2.121) und (2.122) mit denen des charakteristischen Systems (2.115) identisch sind.

Es ist möglich, die charakteristischen Gleichungen numerisch mit endlichen Differenzen zu integrieren. Dabei wird sukzessive in der x, t-Ebene das Netz der Charakteristiken entwickelt (vgl. Abschn. 6.8.1). Entsprechend den getroffenen Voraussetzungen ist im Definitionsbereich jedem Punkt der x, t-Ebene ein Wert für v_x

und c zugeordnet. Die Funktionen $v_x(x,t)$ und $c(x,t)$ spannen demzufolge Integral- oder Lösungsflächen über der x,t-Ebene auf. Werden durch die Charakteristiken in der x,t-Ebene vertikale Flächen gelegt, dann stellen die Schnittlinien mit der Lösungsfläche charakteristische Kurven dar, die als Verzweigungsstreifen angesehen werden können. Längs dieser Streifen kann sich also eine vorhandene Integralfläche an eine andere stetig anschließen. Werden z. B. bei einer ermittelten Lösungsfläche in einem bestimmten Bereich der x-Achse die Anfangswerte geändert, so bleibt ein Teil der alten Lösungsfläche bestehen und verbindet sich stetig entlang der von den Endpunkten des geänderten Bereichs auf der x-Achse ausgehenden Charakteristiken mit der neuen Lösungsfläche.

Es sei abschließend darauf hingewiesen, dass in diesem Fall keine analytischen Lösungen existieren, weil der analytische Charakter eine Mehrdeutigkeit bei der Fortsetzung eines Streifens zu einer Integralfläche ausschließt.

2.6.3 *Einfache Welle*

Besonders einfach gestaltet sich das charakteristische System für die Wasserbewegung in einem Staubecken, wenn sich das Wasser mit konstanter Tiefe und Breite bis ins Unendliche ausdehnt und die Geschwindigkeit zu der Zeit $t = 0$ überall einen konstanten Wert hat (Abb. 2.19). In diesem Falle besteht die Charakteristikenschar C_1 aus geraden Linien.

Das Differentialgleichungssystem (2.112) erhält dann die Form:

$$\frac{\partial v_x}{\partial t} + v_x \cdot \frac{\partial v_x}{\partial x} + 2 \cdot c \cdot \frac{\partial c}{\partial x} = 0 \qquad (2.124)$$

$$2 \cdot \frac{\partial c}{\partial t} + 2 \cdot v_x \cdot \frac{\partial c}{\partial x} + c \cdot \frac{\partial v_x}{\partial x} = 0,$$

aus dem das einfache charakteristische System folgt:

$$\left.\begin{array}{l} \dfrac{dx}{dt} = v_x + c \\ v_x + 2 \cdot c = const. \end{array}\right\} \text{für die Schar } C_1 \qquad (2.125)$$

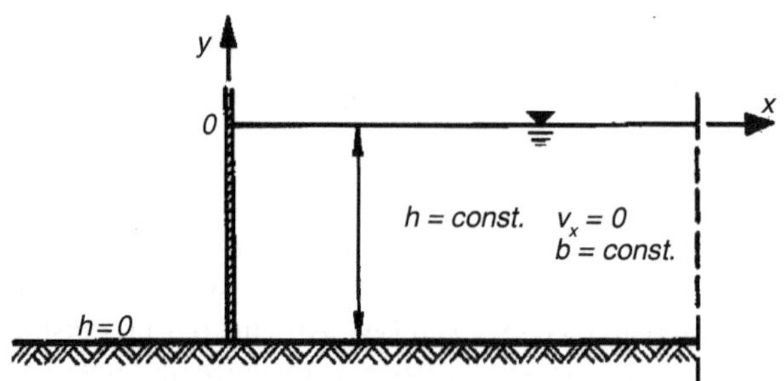

Abb. 2.19 Staubecken mit konstanter Wassertiefe

und

$$\left.\begin{aligned} \frac{dx}{dt} &= v_x - c \\ v_x - 2 \cdot c &= const. \end{aligned}\right\} \quad \text{für die Schar } C_2. \tag{2.126}$$

Als Beispiel sollen die „Dammbruchkurven“ betrachtet werden, die entstehen, wenn die Stauwand in Abb. 2.19 plötzlich entfernt wird. Die Charakteristikentheorie liefert dafür die in Abb. 2.20 dargestellten Ergebnisse.

Die Neigung der Anfangscharakteristik (Vorwärtscharakteristik) C_1^0, die die Ausbreitung der Störung stromauf kennzeichnet, ergibt sich aus

$$\frac{dx}{dt} = v_x + c. \tag{2.127}$$

Mit $v_x = 0$ erhält man daraus

$$\frac{dx}{dt} = c = c_0 = \sqrt{g \cdot h} \tag{2.128}$$

bzw.

$$x = c_0 \cdot t. \tag{2.129}$$

Die Charakteristik C_1^0 trennt in der x, t-Ebene den Bereich der Ruhe (0) vom Bereich der instationären Bewegung (2).

Für die Grenzcharakteristik stromab der Schar C_1 gilt

$$v_x + 2 \cdot c = const. \tag{2.130}$$

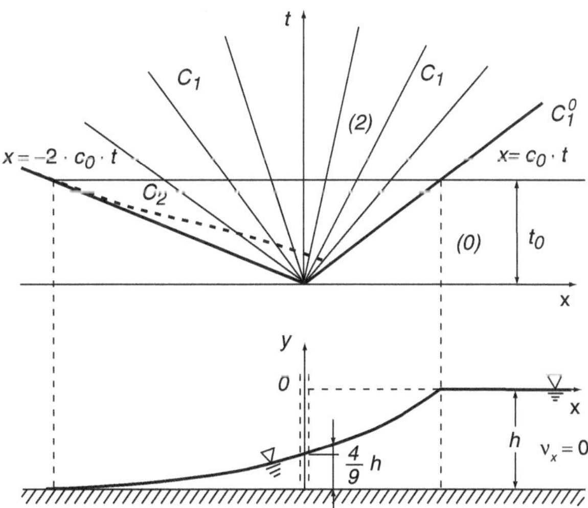

Abb. 2.20 Dammbruchwelle und Charakteristikenbild beim plötzlichen Bruch einer Stauwand

Auf diese Grenzcharakteristik treffen die gekrümmten Charakteristiken der Schar C_2, die von der Anfangscharakteristik ausgehen und für die daher gilt

$$v_x - 2 \cdot c = -2 \cdot c_0. \tag{2.131}$$

Auf der Grenzcharakteristik müssen beide Gleichungen, Gl. (2.130) und (2.131), erfüllt sein. Es gilt somit

$$v_x + 2 \cdot c = v_x - 2 \cdot c = -2 \cdot c_0. \tag{2.132}$$

Da an der Spitze der Dammbruchkurve $h \to 0$ geht, folgt mit $c = 0$

$$\frac{dx}{dt} = v_x = -2 \cdot c_0 \tag{2.133}$$

bzw.

$$x = -2 \cdot c_0 \cdot t. \tag{2.134}$$

Der Verlauf der Charakteristiken im instationären Bereich (2) gestattet, für die Variablen geschlossene Funktionen anzugeben:

Aus

$$\frac{dx}{dt} = \frac{x}{t} = v_x + c \tag{2.135}$$

und

$$v_x - 2 \cdot c = -2 \cdot c_0 \tag{2.136}$$

erhält man

$$v_x = \frac{2}{3} \cdot \left(\frac{x}{t} - c_0\right) \tag{2.137}$$

und

$$c = \frac{1}{3} \cdot \left(\frac{x}{t} + 2 \cdot c_0\right). \tag{2.138}$$

Daraus folgt, dass an der Sperrstelle die Wellengeschwindigkeit c gleich der Fließgeschwindigkeit v_x ist und damit an der Sperrstelle mit

$$v_x = -\frac{2}{3} \cdot c_0$$

der kritische Fließzustand auftritt. Die Wassertiefe d im Bereich der Dammbruchkurve lässt sich aus Gl. (2.138) ermitteln, die wie folgt umgeformt werden kann:

$$d = \eta + h = \frac{1}{9 \cdot g} \cdot \left(\frac{x}{t} + 2 \cdot c_0\right)^2. \tag{2.139}$$

An der Sperrstelle erhält man also eine konstante Tiefe von

$$d_S = \frac{4}{9} \cdot h$$

und einen konstanten Durchfluss von

$$|q| = \frac{8}{27} \cdot h \cdot \sqrt{g \cdot h}.$$

Der dargestellte Zusammenhang wurde bereits 1892 von *Ritter* angegeben und wird in der Literatur oft auch als *Ritter*sche Lösung bezeichnet.

2.6.4 Wellengeschwindigkeit in einem beliebig geformten Gerinnequerschnitt

Betrachtet man eine monokline Hebungswelle (Schwallwelle) in einem mit der absoluten Wellengeschwindigkeit c bewegten Bezugssystem, so erscheint der mit der Welle verbundene Strömungsvorgang zwischen den Schnitten 1 und 2 als eine stationäre Strömung.

Die resultierende Geschwindigkeit der Wasserteilchen ergibt sich aus der Strömungsgeschwindigkeit und der Verlagerungsgeschwindigkeit c des Bezugssystems (Bollrich et al. 1989).

Die Bewegungsgeschwindigkeit des Schwallkopfes wird gleich null. In diesem Bezugssystem liefert mit den Bezeichnungen der Abb. 2.21 das Kontinuitätsgesetz

$$(c - v) \cdot A = (c - v^*) \cdot (A + \Delta A) \tag{2.140}$$

und das Kräftegleichgewicht zwischen den Schnitten 1 und 2

$$F + \rho \cdot A \cdot (c - v)^2 = F^* + \rho \cdot (A + \Delta A) \cdot (c - v^*). \tag{2.141}$$

Setzt man für die Differenz der hydrostatischen Kräfte

$$F^* - F = \rho \cdot g \cdot z + F_K, \tag{2.142}$$

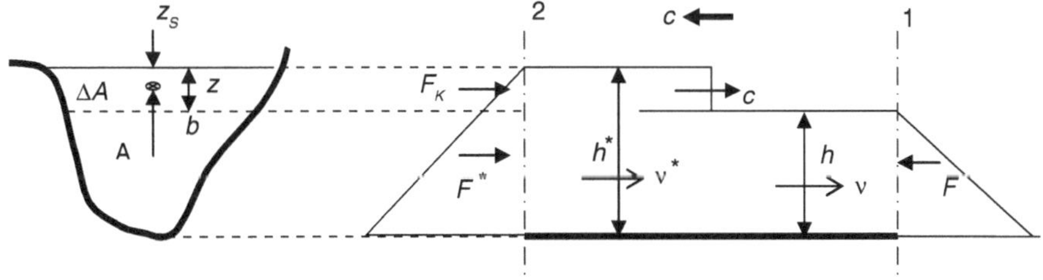

Abb. 2.21 Monokline Hebungswelle in einem beliebig geformten Querschnitt

so folgt aus Gl. (2.140) und (2.141)

$$(c-v)^2 = \frac{A+\Delta A}{A\cdot\Delta A}\cdot\left(g\cdot z\cdot A+\frac{F_K}{\rho}\right) \tag{2.143}$$

bzw. für $v = 0$

$$c = \sqrt{g\cdot z\cdot\frac{(A+\Delta A)}{\Delta A}+\frac{F_K}{\rho}\cdot\frac{(A+\Delta A)}{A\cdot\Delta A}}. \tag{2.144}$$

Nimmt man für kleine z-Werte an, dass in Höhe der Hebungswelle z die seitliche Begrenzung senkrecht verläuft, so erhält man mit der Wasserspiegelbreite b

$$\Delta A = b\cdot z$$

und für die Kopfkraft

$$F_K = \rho\cdot g\cdot\frac{z^2}{2}\cdot b.$$

Damit ergibt sich aus Gl. (2.144)

$$c = \sqrt{g\cdot\left(\frac{A}{b}+\frac{3}{2}\cdot z+\frac{b\cdot z^2}{2\cdot A}\right)} \tag{2.145}$$

und für $z \to 0$ folgt daraus

$$c = \sqrt{g\cdot\frac{A}{b}}. \tag{2.146}$$

2.6.5 Ableitung der Saint-Venant-Gleichungen

Die von *Barré de Saint-Venant* 1871 angegebenen Gleichungen zur Erfassung der instationären Bewegung in einem Gerinne lassen sich formal aus den Grundgleichungen der Flachwassertheorie entwickeln, wenn die bisherige veränderliche Wassertiefe $h+\eta$ einfach als Wassertiefe h bezeichnet wird, da in einem Gerinne ein Ruhewasserspiegel keine Rolle spielt. Außerdem müssten in der Energiegleichung noch Glieder für das Sohl- und Reibungsgefälle hinzugefügt werden.

In Anbetracht der Bedeutung dieser Gleichungen für den Abfluss von Hochwasserwellen und anderen nichtstationären Strömungen in Gerinnen sollen im Folgenden die *Saint-Venant*-Gleichungen für einen beliebig geformten Gerinnequerschnitt $A(h)$ mit der Wasserspiegelbreite b, dem Sohlgefälle S und dem Reibungsgefälle S_R abgeleitet werden. Den Betrachtungen wird ein Volumenelement der Länge dx eines Gerinneabschnittes zugrunde gelegt (vgl. Abb. 2.22).

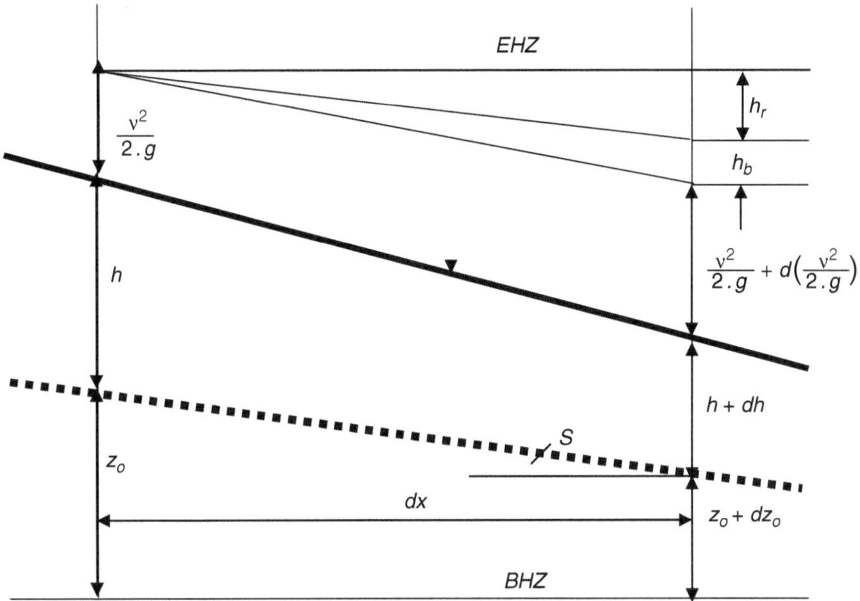

Abb. 2.22 Volumenelement der Länge dx eines Gerinneabschnittes

Aus der Kontinuitätsbedingung für das in Abb. 2.22 dargestellte Volumenelement der Länge dx ergibt sich, dass die Differenz aus Zufluss und Abfluss gleich dem in der Zeiteinheit dt aufgefüllten Speichervolumen gesetzt werden kann:

$$Q - \left(Q + \frac{\partial Q}{\partial x} \cdot dx\right) = \frac{\left(\frac{\partial A}{\partial t} \cdot dt \cdot dx\right)}{dt}. \tag{2.147}$$

Daraus folgt

$$\frac{\partial Q}{\partial x} + \frac{\partial A}{\partial t} = 0 \tag{2.148}$$

bzw.

$$\frac{\partial (v \cdot A)}{\partial x} + \frac{\partial A}{\partial t} = 0. \tag{2.149}$$

Die so gefundene Kontinuitätsgleichung, die der zweiten Gleichung des Systems (2.112) entspricht, reicht jedoch nicht aus, um den Strömungsvorgang zu beschreiben, weil sie zwei Unbekannte, nämlich v und A, enthält.

Die notwendige zweite Gleichung kann durch die Heranziehung der Impuls- oder der Energiegleichung (Bernoulli-Gleichung) erhalten werden. Im Folgenden soll von der Energieerhaltung ausgegangen werden, d. h., dass die im Schnitt 1 und 2 in Abb. 2.22 dargestellten Energiehöhen gleich sein müssen (Graf 1998):

$$z_0 + h + \frac{v^2}{2g} = (z_0 + dz_0) + (h + dh) + \left(\frac{v^2}{2g} + d\left(\frac{v^2}{2g}\right)\right) + h_b + h_r. \quad (2.150)$$

Die Beschleunigungshöhe kann aus dem Newtonschen Grundgesetz abgeleitet werden:

$$F = m \cdot \frac{\partial v}{\partial t}.$$

Bei der mit der instationären Wasserbewegung verbundenen Beschleunigung leistet die Trägheitskraft F die Arbeit (Energie):

$$F \cdot dx = m \cdot \frac{\partial v}{\partial t} \cdot dx.$$

Diese Energie muss aus dem Energievorrat im Schnitt 1 bereitgestellt werden und kann auch mit einer Beschleunigungshöhe h_b in der Form

$$h_b \cdot m \cdot g = \int_{x_1}^{x_2} m \cdot \frac{\partial v}{\partial t} \cdot dx \quad (2.151)$$

ausgedrückt werden. Daraus folgt für $dx \to 0$

$$h_b = \frac{1}{g} \cdot \frac{\partial v}{\partial t} \cdot dx. \quad (2.152)$$

Die Energieverlusthöhe infolge der Reibung steht mit der Reibungskraft in Verbindung, die über die Schubspannung auf das Volumenelement wirkt. Die Reibungskraft F_R, kann mit dem Ausdruck

$$F_R = \tau_0 \cdot dx \cdot U \quad (2.153)$$

bestimmt werden. Dabei bezeichnet U den benetzten Umfang im Bereich des Volumenelementes und τ_0 die Schubspannung, die durch die Beziehung

$$\tau_0 = \frac{\lambda}{8} \cdot \rho \cdot v^2 \quad (2.154)$$

ausgedrückt werden kann. Mit einer Fließformel, z. B. mit der klassischen Fließformel von *Brahms – de Chezy*, kann das Energieliniengefälle I_E eingeführt werden, das aus der Fließformel

$$v = \sqrt{\frac{8g}{\lambda}} \cdot \sqrt{r_{hy}} \cdot \sqrt{S_R} \quad (2.155)$$

mit

$$S_R = v^2 \cdot \frac{\lambda}{8g} \cdot \frac{1}{r_{hy}} \tag{2.156}$$

folgt (Martin und Pohl et al. 2008).

Aus den Gl. (2.153) bis (2.156) erhält man dann

$$F_R = \rho \cdot S_R \cdot g \cdot r_{hy} \cdot U \cdot dx \tag{2.157}$$

bzw., wenn für den hydraulischen Radius $r_{hy} = A/U$ gesetzt wird,

$$F_R = \rho \cdot S_R \cdot g \cdot A \cdot dx. \tag{2.158}$$

Die Arbeit der Reibungskraft $F_R \cdot dx$ lässt sich auch durch eine Verlusthöhe h_r ausdrücken, die aus

$$h_r \cdot m \cdot g = \rho \cdot S_R \cdot g \cdot A \cdot dx \cdot dx \tag{2.159}$$

bestimmt werden kann. Mit $m = \rho \cdot A \cdot dx$ folgt weiter

$$h_r = S_R \cdot dx. \tag{2.160}$$

Mit den Ansätzen für h_b und h_r erhält man schließlich aus Gl. (2.155) als Energiegleichung

$$\frac{1}{g} \cdot \frac{\partial v}{\partial t} + \frac{1}{g} \cdot v \cdot \frac{\partial v}{\partial x} + \frac{\partial h}{\partial x} + \frac{\partial z_0}{\partial x} = -S_R, \tag{2.161}$$

wenn Gl. (5.166) durch *dx* dividiert wird, die dabei entstehenden Quotienten als partielle Ableitungen betrachten werden und beachtet wird, dass

$$d\left(\frac{v^2}{2g}\right) = \frac{2}{2}\frac{v}{g} \cdot \partial v$$

ist. Wird weiter das Sohlgefälle durch

$$S = -\frac{\partial z_0}{\partial x} \tag{2.162}$$

definiert, so folgt weiter aus Gl. (2.161)

$$\frac{\partial v}{\partial t} + v \cdot \frac{\partial v}{\partial x} + g \cdot \frac{\partial h}{\partial x} = g \cdot (S - S_R). \tag{2.163}$$

Diese Gleichung entspricht der ersten Gleichung des Systems (2.112). Da für einen beliebig geformten Fließquerschnitt A geschrieben werden kann

$$\frac{\partial h}{\partial A}\frac{\partial A}{\partial x} = \frac{1}{b}\frac{\partial A}{\partial x},$$

wobei *b* die Wasserspiegelbreite kennzeichnet, kann Gl. (2.163) schließlich auch in die Form

$$\frac{\partial v}{\partial t} + v \cdot \frac{\partial v}{\partial x} + \frac{g}{b}\frac{\partial A}{\partial x} = g(S - S_R) \tag{2.164}$$

gebracht werden.

Die Gl. (2.149) und (2.164) bilden das nach *Saint-Venant* benannte Gleichungssystem, das in seiner Grundform bereits 1871 formuliert wurde (Barré de Saint-Venant 1871), jedoch erst durch die Entwicklung numerischer Lösungsmethoden und leistungsfähiger Computer sowie durch die Entwicklung anwenderfreundlicher Rechenprogramme eine breite Anwendung für die Simulation der nichtstationären Wasserbewegung in offenen Gerinnen gefunden hat.

Bei der praktischen Auswertung der Gleichungen zeigte sich, dass die Beschleunigungsglieder der Energiegleichung im Vergleich zu den anderen Gliedern des Gleichungssystems relativ kleine Werte annehmen können. Das führte auch zur Entwicklung von Lösungsalgorithmen, die von einer vereinfachten Energiegleichung ausgehen.

Wie die folgenden Gleichungen zeigen, werden dabei unterschiedliche Glieder dieser Gleichung berücksichtigt. Die daraus resultierende Wasserbewegung wird als „kinematische Welle", als „Diffusionswelle", als „quasi-stationäre dynamische Welle" oder als „dynamische Welle" bezeichnet.

$$\frac{\partial v}{\partial z} + v \cdot \frac{\partial v}{\partial x} + \frac{g}{b} \cdot \frac{\partial A}{\partial x} = g(S - S_R)$$

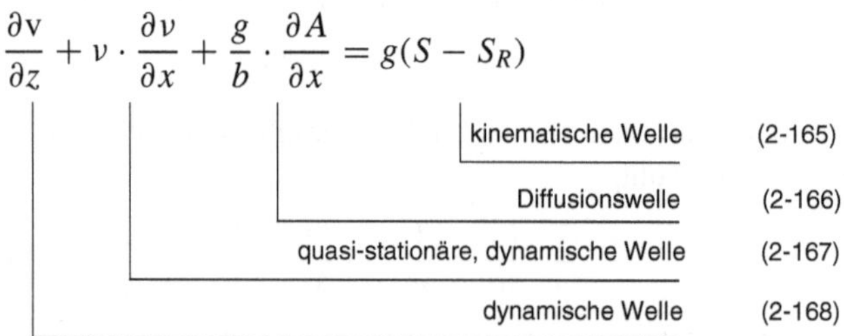

Als numerische Lösungsmethoden wurden die Methoden der Charakteristiken und Finite-Differenzen-Methoden entwickelt, die als explizite und implizite Methoden zur Anwendung kommen und in (Graf 1998) näher beschrieben sind.

Kapitel 3
Grundlagen der Turbulenz

3.1 Einführung in die Turbulenz

3.1.1 Kennzeichnung der Problematik

Die Bezeichnung „**Turbulenz**" ist von dem lateinischen Wort „turbulentia" abgeleitet und bedeutet Unruhe und Verwirrung. In der Physik beschreibt „Turbulenz" einen Bewegungszustand von flüssigen und gasförmigen Fluiden, bei dem, im Gegensatz zur laminaren Strömung, die mittlere Hauptströmung von zahllosen unregelmäßigen Geschwindigkeits- und Druckschwankungen überlagert wird, die mit regellosen Wirbeln verbunden sind.

Die meisten praktischen Strömungsprobleme, sowohl in geschlossenen Leitungen als auch in offenen Gerinnen, müssen in das Gebiet der turbulenten, instationären, dreidimensionalen Strömungsvorgänge eingeordnet werden. Dazu gehören z. B. alle Probleme, die mit der Geschwindigkeitsverteilung, der Schubspannung an den Begrenzungen des Strömungsraumes, dem Energieverlust, dem Sedimenttransport, der Ausbreitung von Verschmutzungen in Strömungen und dem Lufteintritt an der freien Oberfläche in Verbindung stehen. Der Mangel an praktisch handhabbaren Ansätzen zur Beschreibung dieser Strömungserscheinungen hat dazu geführt, dass für zahlreiche in der Praxis bedeutende hydraulische Phänomene nur empirische Beziehungen existieren. Dazu gehören z. B. der Pfeilerstau, die Wechselsprunglänge sowie der Energieverlust bei allen Einbauten und Änderungen des Strömungskanalquerschnittes.

Für die exakte mathematische Beschreibung dieser Strömungen stehen bereits seit 1845 die *Navier-Stokes*schen Gleichungen zur Verfügung, die auf einen der grundlegenden Erhaltungssätze der Physik, nämlich auf die Erhaltung des Impulses, zurückgehen.

Die direkte numerische Integration erfordert jedoch eine Diskretisierung mit außerordentlich kleinen Elementen. Dabei soll der Abstand der Gitterpunkte kleiner als das 10^{-3}-fache der Abmessung des untersuchten Strömungsraumes betragen, was im Allgemeinen auf mehr als 10^9 Gitterpunkte im dreidimensionalen Netz führt. Aus

H. Martin, *Numerische Strömungssimulation in der Hydrodynamik*,
DOI 10.1007/978-3-642-17208-3_3, © Springer-Verlag Berlin Heidelberg 2011

der Tatsache, dass die Berechnung erfordert, für kleine Zeitschritte an jedem Gitterpunkt eine größere Anzahl von Strömungsparametern zu speichern, wird deutlich, dass für die Simulation dieser turbulenten Strömungsvorgänge die Leistungsfähigkeit der zurzeit verfügbaren Computer nicht ausreicht. Trotzdem wird die Entwicklung der sog. Direct Numerical Simulation (DNS) vorangetrieben. Bereits 1987 gelang es einer Forschergruppe, eine DNS bei einer Reynoldszahl von 3300 mit $4 \cdot 10^6$ Gitterpunkten auf dem Supercomputer CRY-XMP in einer effektiven CPU-Zeit von 250 Stunden erfolgreich durchzuführen und beobachtete Turbulenzstrukturen zu simulieren (KIM et al. 1987).

Für die Simulation von praxisrelevanten Strömungsaufgaben, bei denen nicht jedes Detail der turbulenten Bewegung von Interesse ist, werden zur Zeit die Reynolds-Gleichungen zugrunde gelegt, die durch die Mittlung der *Navier-Stokes*schen Gleichungen über eine bestimmte Zeitspanne erhalten werden. Die Mittlung führt einerseits in einem Zeitelement zu mittleren Werten für die Strömungsparameter, z. B. zu Mittelwerten für die Geschwindigkeit und den Druck, gegebenenfalls auch zu mittleren Werten für die Temperatur oder die Konzentration eines bestimmten Stoffes, andererseits entstehen in den Gleichungen gemittelte Ausdrücke für die turbulenten Schwankungsgrößen, die neue Unbekannte im Gleichungssystem darstellen. Dadurch entsteht das sog. Schließungsproblem, d. h., dass im Gleichungssystem mehr Unbekannte als Gleichungen existieren.

Die Lösung (Integration) dieses Gleichungssystems, das im Allgemeinen aus den *Reynolds*-Gleichungen, der Kontinuitätsgleichung, den Ansätzen für die Ausbreitung der Wärmeenergie bzw. der Konzentration eines Stoffes und den Randbedingungen an den Rändern des Strömungsraumes besteht, erfordert das Hinzufügen von zusätzlichen Beziehungen, die eine Korrelation zwischen den gemittelten Ausdrücken für die Schwankungsgrößen (Fluktuationen) und den mittleren Strömungsparametern herstellen. Diese Beziehungen werden im engeren Sinne als „Turbulenzmodelle" bezeichnet, weil sie Ansätze für den Transport der Turbulenz modellieren. Die mathematischen und experimentellen Untersuchungen dieser Zusammenhänge sind zurzeit Gegenstand intensivster Forschung.

Nachdem die Entwicklung der Turbulenzmodelle zunächst von den Ingenieuren der Mechanik und der Aeronautik vorangetrieben wurde, begann der Einsatz dieser Modelle in der Hydromechanik vor ca. 10 Jahren und ist zurzeit immer noch auf einfache Strömungssituationen begrenzt. Die weitere Entwicklung dieser Modelle wird insbesondere von den Fortschritten der Computertechnik sowie von der Entwicklung der numerischen Methoden und der Messtechnik zur Erfassung der turbulenten Strömungsparameter bestimmt. Insbesondere der Einsatz der Laser-Doppler-Anemometer (LDA), mit denen die Mittelwerte turbulenter Schwankungen berührungslos gemessen werden können, hat zur Entwicklung und Testung der Turbulenzmodelle wesentlich beigetragen.

Die weiteren Entwicklungen der Turbulenzmodelle und ihr Einsatz zur Lösung von praktischen Strömungsproblemen werden die eingangs erwähnten und heute noch angewendeten empirischen Beziehungen in der „Angewandten Hydromechanik" weiter zurückdrängen und teilweise teure experimentelle

Untersuchungen in der Zukunft überflüssig machen. Dabei ist festzustellen, dass mit dem Begriff **Turbulenzmodell** zunehmend das gesamte Gleichungssystem zur Beschreibung der turbulenten Bewegung einschließlich der Randbedingungen bezeichnet wird.

Das Ziel dieses Abschnittes ist es, ausgewählte Grundlagen einer praxisorientierten Beschreibung der turbulenten Bewegung darzustellen sowie Voraussetzungen zu schaffen, die auf diesem Gebiet auf den Markt drängende Software problemorientiert und sensibel anzuwenden.

3.1.2 Die Entwicklung der Ansätze zur Beschreibung der turbulenten Bewegung

Bereits **Leonardo da Vinci** (1452–1519) zeichnete auf einem Selbstporträt unterschiedliche Wirbelstrukturen, die von Flusspfeilern verursacht werden. Den entscheidenden Anstoß zur Erforschung der Turbulenz gab jedoch erst **Osborne Reynolds** (1842–1912), der den Unterschied zwischen der laminaren und der turbulenten Strömung entdeckte. Das erste Turbulenzmodell wurde 1925 von **Ludwig Prandtl** (1875–1953) formuliert, das als Mischungsweg-Hypothese allgemein bekannt ist und bei dem der turbulente Transport in Abhängigkeit von lokalen mittleren Strömungsparametern angegeben wird. Prandtl gehörte zur Gruppe der Göttinger Physiker, die an der Entwicklung der Luftfahrt arbeiteten.

Lewis Fry Richardson (1881–1953) legte 1922 die Grundlage für weitere Turbulenzforschungen, indem er heutige Vorstellungen begründete. Er ging davon aus, dass bei einer turbulenten Strömung die Energie auf großer Skala zugeführt, durch den Zerfall von Wirbeln durch alle Skalen transportiert und schließlich in der kleinsten Skala in Form von Wärme dissipiert wird (Energiekaskade).

Durch den Einsatz von Konstant-Temperatur-Anemometer (Heißfilmsonden) konnten um 1930 wichtige turbulente Strömungsgrößen gemessen und statistische Ansätze zur Erfassung der Turbulenz formuliert werden. Um 1940 wurde die Theorie der lokalen, isotropen Turbulenz ausgearbeitet. Wichtige Beiträge lieferte die Cambridge Gruppe mit **Geoffrey Ingram Taylor** (1886–1975) und danach die Russische Gruppe mit **Andrei Nikolajewitsch Kolmogoroff** (1903–1987).

Mitte der 50-er Jahre wurden dann wesentliche Beiträge zur Entwicklung der Turbulenztheorie von der NACA in den USA geleistet.

Der Einsatz der „Punkt-Messung“ in der LDA-Technik (Laser-Doppler-Anemometer) und die Entwicklung der elektronischen Computer ermöglichte die Visualisierung von turbulenten Strömungsstrukturen und beschleunigte die Entwicklung von Turbulenzmodellen, die zur Untersuchung von turbulenten Strömungen in der Atmosphäre, im Küstenbereich der Ozeane und in offenen Gerinnen herangezogen werden konnten. Gleichzeitig begann Mitte der 80-er Jahre die Entwicklung der Direkten Numerischen Simulation (DNS) im Bereich höherer Reynoldszahlen.

3.1.3 Diskretisierung des Strömungsgebietes

Die Kontinuitätsgleichung und die nichtstationären Bewegungsgleichungen (Navier-Stokesschen Gleichungen) beschreiben eine Strömung vollständig, d. h. der Druck p und die Geschwindigkeitskomponenten v_x, v_y, v_z können bei gegebenen Randbedingungen in jedem beliebigen Punkt des Strömungsgebietes bestimmt werden. Die mathematische Lösung dieser Gleichungen auf analytischem Weg ist jedoch nur für einfache Strömungsfälle möglich. Für praktische Strömungsaufgaben müssen im Allgemeinen diskrete numerische Näherungsverfahren (z. B. Finite-Differenz-Verfahren, Finite-Volumen-Verfahren, Finite-Elemente-Verfahren) angewendet werden.

Diskret bedeutet dabei, dass die Strömungscharakteristika, Druck und Geschwindigkeitskomponenten nicht in jedem beliebigen Punkt des Strömungsgebietes sondern nur in einzelnen (diskreten) Punkten ermittelt werden. Die Größen an einem diskreten Punkt können als Mittelwerte der Strömungsparameter aller Punkte in der unmittelbaren Umgebung des diskreten Punktes betrachtet werden (Abb. 3.1).

Zur Beschreibung der turbulenten Strömungen mit ihren Mikro- und Makrowirbelstrukturen führt die Direkte Numerische Simulation (DNS) auf der Grundlage der *Navier-Stokes*-Gleichung zu einem zur Zeit kaum zu beherrschenden Diskretisierungs- und Rechnungsaufwand, so dass zur Lösung praktischer Strömungsaufgaben vereinfachende mathematische Modelle (Turbulenzmodelle) herangezogen werden. Die Turbulenzmodelle sind mathematische Vorschriften in Form von (partiellen Differential-) Gleichungen, die das Verhalten der Turbulenz näherungsweise beschreiben und mit vertretbarem, numerischem Aufwand gelöst werden können. Für diese Modelle ist charakteristisch, dass die Anzahl der Erhaltungsgleichungen für die gemittelten Strömungsgrößen und die unbekannten Korrelationen der Schwankungsgrößen geringer ist als die Zahl der unbekannten Größen, so dass ein „Schließungsproblem" für diese Modelle entsteht.

Zur Schließung der Modelle werden daher zusätzliche Informationen herangezogen, z. B. in Form von empirischen Korrelationen, Integralverfahren oder in Verbindung mit Feldmethoden. Die Entwicklung der Turbulenzmodelle ist noch nicht abgeschlossen. Im Folgenden werden einige Grundlagen erläutert.

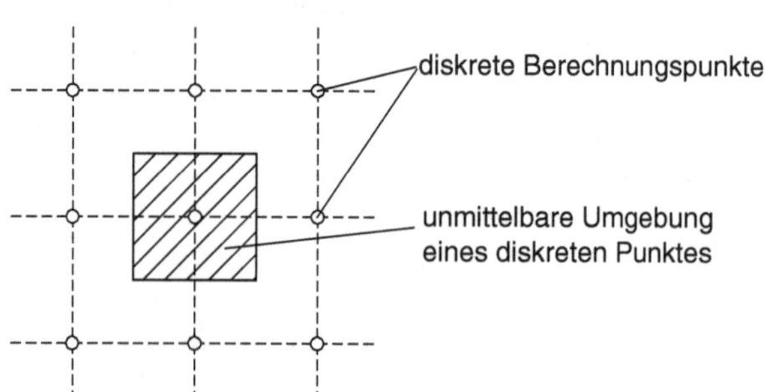

Abb. 3.1 Diskretisiertes Strömungsgebiet

3.2 Mittelwerte und Schwankungsgrößen

Formal kann die Turbulenz so aufgefasst werden, dass sich der Momentanwert einer Strömungsgröße aus einem zeitlichen Mittelwert (überstrichene Größe) und einer turbulenten Schwankung (Größe mit Strichindex) zusammensetzt. Für eine allgemeine Strömungsgröße u ergibt sich somit

$$u = \bar{u} + u'. \tag{3.1}$$

Der Mittelwert der Strömungsgröße folgt aus

$$\bar{u} = \lim_{T\to\infty} \frac{1}{T} \cdot \int_0^T u \cdot dt, \tag{3.2}$$

das bedeutet, dass der Mittelwert der Schwankungsgröße null wird,

$$\bar{u}' = \lim_{T\to\infty} \frac{1}{T} \cdot \int_0^T u' \cdot dt \equiv 0. \tag{3.3}$$

Eine weitere Mittlung verändert die Mittelwerte dieser Strömungsgröße nicht

$$\bar{\bar{u}} = \lim_{T\to\infty} \frac{1}{T} \cdot \int_0^T \bar{u} \cdot dt = \bar{u}. \tag{3.4}$$

Aus diesen Definitionen folgt weiter, dass der Mittelwert des Produktes eines Schwankungswertes mit einem Mittelwert identisch null ist:

$$\overline{u' \cdot \bar{u}} = \lim_{T\to\infty} \frac{1}{T} \cdot \int_0^T u' \cdot \bar{u} \cdot dt = 0 \tag{3.5}$$

$$\overline{u' \cdot \bar{u}} = \lim_{T\to\infty} \frac{\bar{u}}{T} \cdot \int_0^T u' \cdot dt = 0. \tag{3.6}$$

Im Gegensatz dazu ist der Mittelwert des Produktes aus zwei Schwankungsgrößen endlich:

$$\overline{u' \cdot u'} = \lim_{T\to\infty} \frac{1}{T} \cdot \int_0^T u'^2 \cdot dt \neq 0 \tag{3.7}$$

(vgl. Abb. 3.2).

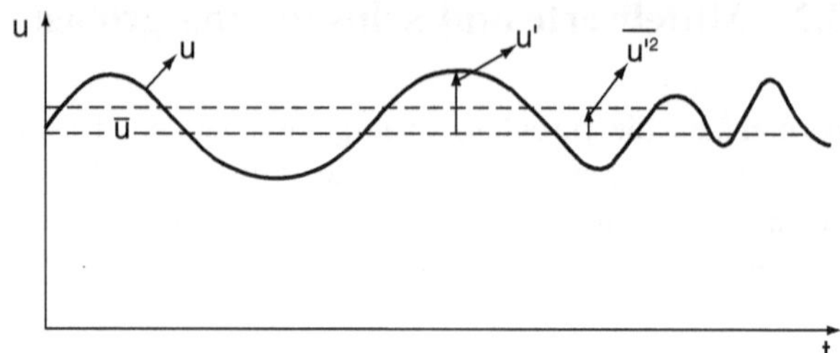

Abb. 3.2 Strömungsgröße u als Funktion der Zeit

3.3 Mittelung der Grundgleichungen

3.3.1 Ableitung der Reynoldsgleichung

Ersetzt man die Momentanwerte der Strömungsgrößen in der *Navier-Stokes*-Gleichung durch Mittelwert und Schwankungsgröße entsprechend Gl. (3.1), so folgt z. B. aus der Gleichung für die x-Richtung (vgl. Gl. (2.41)):

$$\begin{aligned}&\frac{\partial \overline{v_x}}{\partial t} + \frac{\partial v'_x}{\partial t} + (\overline{v_x} + v'_x) \cdot \left(\frac{\partial \overline{v_x}}{\partial x} + \frac{\partial v'_x}{\partial x}\right) + (\overline{v_y} + v'_y) \cdot \left(\frac{\partial \overline{v_x}}{\partial y} + \frac{\partial v'_x}{\partial y}\right) \\ &\quad + (\overline{v_z} + v'_z) \cdot \left(\frac{\partial \overline{v_x}}{\partial z} + \frac{\partial v'_x}{\partial z}\right) \\ &= a_x + \frac{1}{\rho} \cdot \left(\frac{\partial \bar{p}}{\partial x} + \frac{\partial p'}{\partial x}\right) + \nu \cdot \Delta(\bar{v}_x + v'_x).\end{aligned} \tag{3.8}$$

Die Mittelung dieser Gleichung über ein Zeitintervall T führt unter Beachtung der in (3.2) erläuterten Rechenregeln zu dem Ausdruck:

$$\begin{aligned}&\rho \cdot \left[\frac{\partial \bar{v}_x}{\partial t} + \overline{v_x} \cdot \frac{\partial \bar{v}_x}{\partial x} + \bar{v}_y \cdot \frac{\partial \bar{v}_x}{\partial y} + \bar{v}_z \cdot \frac{\partial \bar{v}_x}{\partial z}\right] \\ &\quad = \rho \cdot a_x - \frac{\partial \bar{p}}{\partial x} + \eta \cdot \Delta \bar{v}_x - \rho \cdot \left[\frac{\partial \overline{v'_x{}^2}}{\partial x} + \frac{\partial \overline{v'_x \cdot v'_y}}{\partial y} + \frac{\partial \overline{v_x{}' \cdot v_z{}'}}{\partial z}\right].\end{aligned} \tag{3.9a}$$

Aus analogen Betrachtungen erhält man für die beiden anderen Richtungen

$$\begin{aligned}&\rho \cdot \left[\frac{\partial \overline{v_y}}{\partial t} + \overline{v_x} \cdot \frac{\partial \overline{v_y}}{\partial x} + \overline{v_y} \cdot \frac{\partial \overline{v_y}}{\partial y} + \overline{v_z} \cdot \frac{\partial \overline{v_y}}{\partial z}\right] \\ &\quad = \rho \cdot a_y - \frac{\partial \bar{p}}{\partial y} + \eta \cdot \Delta \overline{v_y} - \rho \cdot \left[\frac{\partial \overline{v'_x \cdot v'_y}}{\partial x} + \frac{\partial v'^2_y}{\partial y} + \frac{\partial \overline{v'_z \cdot v'_y}}{\partial z}\right]\end{aligned} \tag{3.9b}$$

und

$$\rho \cdot \left[\frac{\partial \overline{v_z}}{\partial t} + \overline{v_x} \cdot \frac{\partial \overline{v_z}}{\partial x} + \overline{v_y} \cdot \frac{\partial \overline{v_z}}{\partial y} + \overline{v_z} \cdot \frac{\partial \overline{v_z}}{\partial z} \right]$$

$$= \rho \cdot a_z - \frac{\partial \bar{p}}{\partial z} + \eta \cdot \Delta \overline{v_z} - \rho \cdot \left[\frac{\partial \overline{v_z' \cdot v_x'}}{\partial x} + \frac{\partial \overline{v_z' \cdot v_y'}}{\partial y} + \frac{\partial \overline{v_z'^2}}{\partial z} \right]. \tag{3.9c}$$

Die Gl. (3.9) werden als **Reynoldsgleichungen** bezeichnet. Sie enthalten im Gegensatz zu den Komponentengleichungen der *Navier-Stokes*-Gleichung die Ableitungen von zusätzlichen Ausdrücken, die als Zusatzspannungen (*Reynolds*spannungen) interpretiert werden können (Hirsch 1989).

3.3.2 Gemittelte Gleichung für den Fremdstoff- und Energietransport

Zur Beschreibung des Fremdstoff- und Energietransportes wurde in Abschn. 2.1.2.2 die Gl. (2.11) entwickelt. Unter turbulenten Bedingungen können in diesem Zusammenhang die Geschwindigkeitskomponenten und C als Strömungsgrößen betrachtet werden, die sich aus einem zeitlichen Mittelwert und einer Schwankungsgröße zusammensetzen:

$$\begin{aligned} v_x &= \overline{v_x} + v'_x \\ v_y &= \overline{v_y} + v'_y \\ v_z &= \overline{v_z} + v'_z \\ C &= \overline{C} + C'. \end{aligned} \tag{3.10}$$

Setzt man diese Größen in Gl. (2.11) für die Momentanwerte ein, so erhält man mit den in 3.2 formulierten Regeln

$$\frac{\partial(\rho \cdot \overline{C})}{\partial t} + \bar{v}_x \cdot \frac{\partial(\rho \cdot \overline{C})}{\partial x} + \bar{v}_y \cdot \frac{\partial(\rho \cdot \overline{C})}{\partial y} + \bar{v}_z \cdot \frac{\partial(\rho \cdot \overline{C})}{\partial z} - \nabla(c \cdot \nabla\overline{C})$$

$$= \rho \cdot S_c - \frac{\partial(\rho \cdot \overline{v'_x \cdot C'})}{\partial x} - \frac{\partial(\rho \cdot \overline{v'_y \cdot C'})}{\partial y} - \frac{\partial(\rho \cdot \overline{v'_z \cdot C'})}{\partial z}. \tag{3.11}$$

3.3.3 Gemittelte Grundgleichungen in Tensorschreibweise

3.3.3.1 Definitionen der Tensorschreibweise

Für die Darstellung der abgeleiteten Grundgleichungen wird vorzugsweise die kompaktere Tensorschreibweise angewendet, bei der die Koordinatenrichtungen durch Indizes gekennzeichnet werden.

Die Tensoren 1. Ordnung mit drei Komponenten stellen z. B. Vektoren dar:

$$v_i = \{v_x, v_y, v_z\} = \{v_1, v_2, v_3\} = \vec{v} \tag{3.12}$$

$$x_i = \{x, y, z\} = \{x_1, x_2, x_3\} = \vec{x}. \tag{3.13}$$

Die Tensoren 2. Ordnung haben neun Komponenten und können als (3 × 3)-Matrix geschrieben werden, z. B. folgt für den Spannungstensor τ_{ij}

$$\tau_{ij} = \begin{vmatrix} \tau_{11} & \tau_{12} & \tau_{13} \\ \tau_{21} & \tau_{22} & \tau_{23} \\ \tau_{31} & \tau_{32} & \tau_{33} \end{vmatrix} \tag{3.14}$$

und für das dyadische Vektorprodukt

$$v_i v_j = \begin{vmatrix} v_1 v_1 & v_1 v_2 & v_1 v_3 \\ v_2 v_1 & v_2 v_2 & v_2 v_3 \\ v_3 v_1 & v_3 v_2 & v_3 v_3 \end{vmatrix}. \tag{3.15}$$

Ein spezieller Tensor 2. Ordnung ist das Kronecker-Symbol δ_{ij} mit

$$\delta_{ij} = 1 \quad \text{für} \quad i = j \quad \text{und} \quad \delta_{ij} = 0 \quad \text{für} \quad i \neq j.$$

Mit der Summationskonvention, dass beim zweimaligen Auftreten des gleichen Index die Summation über alle (drei) Raumrichtungen in Bezug auf diesen Index vorzunehmen ist, folgt für das Skalarprodukt

$$v_j \cdot u_j = v_1 \cdot u_1 + v_2 \cdot u_2 + v_3 \cdot u_3 = \vec{u} \cdot \vec{v} \tag{3.16}$$

und für die Divergenz eines Vektors

$$\frac{\partial v_j}{\partial x_j} = \frac{\partial v_1}{\partial x_1} + \frac{\partial v_2}{\partial x_2} + \frac{\partial v_3}{\partial x_3} = \nabla \vec{v}. \tag{3.17}$$

Damit erhält man aus

$$\frac{\partial (v_j \cdot v_i)}{\partial x_j} = v_i \cdot \frac{\partial v_j}{\partial x_j} + v_j \cdot \frac{\partial v_i}{\partial x_j} \tag{3.18}$$

bzw.

$$\frac{\partial (v_j \cdot v_i)}{\partial x_j} = v_i \cdot \nabla \vec{v} + v_j \cdot \frac{\partial v_i}{\partial x_j}. \tag{3.19}$$

3.3.3.2 Anwendung der Tensorschreibweise

Von den Reynoldsgleichungen (3.9) sollen zunächst die Glieder für den laminaren Reibungseinfluss, der durch die molekulare Diffusion verursacht wird, betrachtet werden:

$$\eta \cdot \Delta\bar{v}_x, \quad \eta \cdot \Delta\bar{v}_y \quad \text{und} \quad \eta \cdot \Delta\bar{v}_z.$$

Die Tensorschreibweise fasst diese Ausdrücke zu

$$\eta \cdot \Delta\bar{v}_i$$

zusammen. Für diesen Ausdruck kann auch

$$\frac{\partial}{\partial x_j}\left[\eta \cdot \frac{\partial}{\partial x_j}\overline{v_i}\right]$$

geschrieben werden. Unter Beachtung von Gl. (2.39) folgt daraus

$$\frac{\partial}{\partial x_j}[\tau_{ij}],$$

wenn die Spannung τ_{ij} für $i \neq j$ eine Schubspannung und für $i = j$ eine Normalspannung bezeichnet. Analog erhält man für die Reynoldsspannungen in den Gl. (3.9)

$$\frac{\partial}{\partial x_j}[\rho \cdot \overline{v_i' \cdot v_j'}].$$

Diese Spannungen beschreiben damit die turbulente Diffusion. Sie bilden einen symmetrischen Tensor, bei dem nur sechs der neun Komponenten voneinander unabhängig sind

$$\rho \cdot \overline{v_i' \cdot v_j'} = \begin{vmatrix} \rho \cdot \overline{v_1'^2} & \rho \cdot \overline{v_1' \cdot v_2'} & \rho \cdot \overline{v_1' \cdot v_3'} \\ \rho \cdot \overline{v_2' \cdot v_1'} & \rho \cdot \overline{v_2'^2} & \rho \cdot \overline{v_2' \cdot v_3'} \\ \rho \cdot \overline{v_3' \cdot v_1'} & \rho \cdot \overline{v_3' \cdot v_2'} & \rho \cdot \overline{v_3'^2} \end{vmatrix}. \tag{3.20}$$

Für hochturbulente Strömungen gilt $\rho \cdot \overline{v_i \cdot v_j} \gg \tau_{ij}$.

Mit den eingeführten Definitionen kann mit $\nabla\vec{v} = 0$ für die Reynoldsgleichungen (3.9) geschrieben werden:

$$\frac{\partial(\rho \cdot \bar{v}_i)}{\partial t} + \frac{\partial(\rho \cdot v_j \cdot v_i)}{\partial x_j} = -\frac{\partial \bar{p}}{\partial x_i} + \frac{\partial}{\partial x_j}(\tau_{ij} - \rho \cdot \overline{v'_i \cdot v'_j}) + \rho \cdot a_i. \tag{3.21}$$

Die gemittelte Gleichung für die Wärmeenergie und Konzentration eines Fremdstoffes Gl. (3.11) lautet in Tensorschreibweise

$$\frac{\partial(\rho \cdot \overline{C})}{\partial t} + \frac{\partial(\rho \cdot \overline{v_j \cdot C})}{\partial x_j} = \frac{\partial}{\partial x_j}\left(c \cdot \frac{\partial \overline{C}}{\partial x_j} - \rho \cdot \overline{v'_j \cdot C'}\right) + \rho \cdot S_c. \tag{3.22}$$

Darin steht der Ausdruck

$$c \cdot \frac{\partial \bar{C}}{\partial x_j} \quad \text{für die molekulare Diffusion und}$$

$$\rho \cdot \overline{v'_j \cdot C'} \quad \text{für die turbulente Diffusion.}$$

Für die Kontinuitätsgleichung in Tensorschreibweise folgt

$$\frac{\partial v_i}{\partial x_i} = 0. \tag{3.23}$$

3.4 Tiefen-gemittelte Grundgleichungen für Strömungen mit freier Oberfläche

Bei den meisten Strömungen mit freier Oberfläche verändern sich die über die Zeit gemittelten Strömungsparameter relativ gering mit der Wassertiefe h, so dass durch eine Mittlung der Parameter über die Tiefe aus einem dreidimensionalen Gleichungssystem ein zweidimensionales System mit Komponentengleichungen in den beiden horizontalen Richtungen x und y entsteht (vgl. Abb. 3.3).

Verzichtet man in diesem Abschnitt auf die Überstreichung der zeitlich gemittelten Größen, so kann für die über die Tiefe gemittelten Geschwindigkeitskomponenten

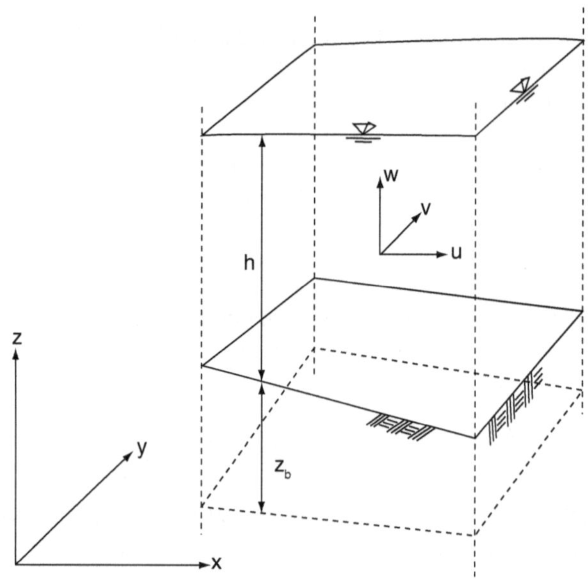

Abb. 3.3 Definitionsskizze für die Strömung mit freier Oberfläche

in horizontaler Richtung geschrieben werden:

$$\bar{v}_x = \frac{1}{h} \cdot \int_{z_b}^{z_b+h} v_x \cdot dz \quad \text{bzw.} \quad \bar{v}_y = \frac{1}{h} \cdot \int_{z_b}^{z_b+h} v_y \cdot dz. \tag{3.24}$$

Mit diesen Definitionen erhält man für die Kontinuitätsgleichung Gl. (3.23)

$$\frac{\partial(h \cdot \bar{v}_x)}{\partial x} + \frac{\partial(h \cdot \bar{v}_y)}{\partial y} = 0. \tag{3.25}$$

Für die Komponentengleichung der *Reynolds*gleichung in x-Richtung folgt aus Gl. (3.19)

$$\begin{aligned}\frac{\partial \bar{v}_x}{\partial t} + \bar{v}_x \cdot \frac{\partial \bar{v}_x}{\partial x} + \bar{v}_y \cdot \frac{\partial \bar{v}_x}{\partial y} = &- g \cdot \frac{\partial(h + z_b)}{\partial x} + \frac{1}{\rho \cdot h} \frac{\partial(h \cdot \bar{\tau}_{xx})}{\partial x} + \frac{1}{\rho \cdot h} \cdot \frac{\partial(h \cdot \bar{\tau}_{xy})}{\partial y} \\ &+ \frac{\tau_{sx} - \tau_{bx}}{\rho \cdot h} + \frac{1}{\rho \cdot h} \cdot \frac{\partial}{\partial x} \int_{z_b}^{z_b+h} \rho \cdot (v_x - \bar{v}_x)^2 \cdot dz \\ &+ \frac{1}{\rho \cdot h} \int_{z_b}^{z_b+h} \rho \cdot (v_x - \bar{v}_x)(v_y - \bar{v}_y) \cdot dz\end{aligned} \tag{3.26}$$

und für die Komponentengleichung in y-Richtung

$$\begin{aligned}\frac{\partial \bar{v}_y}{\partial t} + \bar{v}_x \cdot \frac{\partial \bar{v}_y}{\partial x} + \bar{v}_y \cdot \frac{\partial \bar{v}_y}{\partial y} = &- g \cdot \frac{\partial(h + z_b)}{\partial y} + \frac{1}{\rho \cdot h} \frac{\partial(h \cdot \bar{\tau}_{xy})}{\partial y} \\ &+ \frac{1}{\rho \cdot h} \cdot \frac{\partial(h \cdot \bar{\tau}_{yy})}{\partial y} + \frac{\tau_{sy} - \tau_{by}}{\rho \cdot h} \\ &+ \frac{1}{\rho \cdot h} \cdot \frac{\partial}{\partial x} \int_{z_b}^{z_b+h} \rho \cdot (v_x - \bar{v}_x)(v_y - \bar{v}_y) \cdot dz \\ &+ \frac{1}{\rho \cdot h} \cdot \frac{\partial}{\partial y} \int_{z_b}^{z_b+h} \rho \cdot (v_y - \bar{v}_y)^2 \cdot dz.\end{aligned} \tag{3.27}$$

Die Gl. (3.24) bis (3.27) beschreiben die Verteilung der tiefen-gemittelten horizontalen Geschwindigkeitskomponenten. τ_b bezeichnet die Schubspannung an der Sohle ($\mathrm{z = z_b}$) und τ_S an der freien Oberfläche ($\mathrm{z = z_b + h}$). Die viskosen Reibungsglieder in Gl. (3.14) können bei diesen Strömungsvorgängen im Allgemeinen vernachlässigt werden. Die beiden letzten Summanden in den Gl. (3.26) und (3.27) entstehen durch die ungleiche Verteilung der horizontalen Geschwindigkeitskomponenten über die Tiefe (Dispersion). Die tiefen-gemittelten turbulenten Spannungen werden mit $\bar{\tau}_{ij}$ bezeichnet (Nezu und Nakagawa 1993).

Für die tiefen-gemittelten Wärme- bzw. Konzentrationsgleichungen folgt aus Gl. (3.22)

$$\begin{aligned}\frac{\partial \bar{C}}{\partial t} + \bar{v}_x \cdot \frac{\partial \bar{C}}{\partial x} + \bar{v}_y \cdot \frac{\partial \bar{C}}{\partial y} &= \frac{1}{\rho \cdot h} \cdot \frac{\partial (h \cdot \bar{I}_x)}{\partial x} + \frac{1}{\rho \cdot h} \cdot \frac{\partial (h \cdot \bar{I}_y)}{\partial y} + \frac{q_S}{\rho \cdot h} \\ &+ \frac{1}{\rho \cdot h} \cdot \frac{\partial}{\partial x} \int\limits_{z_b}^{z_b+h} \rho \cdot (v_x - \bar{v}_x)(C - \bar{C}) \cdot dz \\ &+ \frac{1}{\rho \cdot h} \int\limits_{z_b}^{z_b+h} \rho \cdot (v_y - \bar{v}_y)(C - \bar{C}) \cdot dz. \qquad (3.28)\end{aligned}$$

Darin bezeichnet

$$\bar{C} = \int\limits_{z_b}^{z_b+h} C \cdot dz,$$

q_s den mittleren Fluss der Wärme oder Konzentration durch die Oberfläche und $\bar{I}_j$ den tiefen-gemittelten Fluss in der Strömung. Die letzten beiden Glieder drücken wieder die Dispersion aus, die in vielen Fällen vernachlässigt werden kann. Die numerische Lösung der Gleichungen erfordert zusätzliche Informationen für die turbulenten Spannungen $\bar{\tau}_{ij}$, τ_b und τ_S sowie für den Fluss $\bar{I}_j$, die durch ein „Turbulenzmodell" bereitgestellt werden müssen (Rodi 1984).

Kapitel 4
Turbulenzmodelle

4.1 Einordnung der Berechnungsmodelle – Übersicht

Es existieren verschiedene Ansätze zur Modellierung der Turbulenz, von denen keiner als allgemeingültig anerkannt ist. Die Forschung auf diesem Gebiet ist sehr aktuell. Das in heutigen kommerziellen numerischen Strömungsberechnungsprogrammen am häufigsten anzutreffende k-ε-Modell beruht auf dem Wirbelviskositätsansatz, der im folgenden Kapitel vorgestellt wird. Die Wirbelviskosität wird beim k-ε-Modell aus der turbulenten kinetischen Energie k und der Dissipationsrate ε mittels einer Gleichgewichtsbedingung ermittelt.

Aus der in Abb. 4.1 dargestellten Übersicht über die gegenwärtigen Möglichkeiten für die Berechnung turbulenter Strömungen wird die Einordnung der Turbulenzmodelle deutlich.

Die bereits erläuterte „Direkte Numerische Simulation" geht direkt von den Grundgleichungen aus und ist durch den hohen Diskretisierungs- und Rechenaufwand in der Lage, ohne zusätzliche empirische Information auch feingliedrige Turbulenzstrukturen zu simulieren. Die „Large Eddy Simulation" verwendet ein grobmaschigeres Diskretisierungsnetz, das bei vermindertem Rechenaufwand nur die größeren Wirbelstrukturen simulieren kann. Die gemittelten Grundgleichungen erfordern – wie bereits dargestellt – zusätzliche Gleichungen in Form der Turbulenzmodelle. Aus heutiger Sicht kann eingeschätzt werden, dass die Reynoldsspannungsmodelle die Strömungsverhältnisse am besten beschreiben. Der hohe Rechenaufwand hat jedoch dazu geführt, dass viele Forscher den auf der Wirbelviskosität beruhenden Modellen den Vorzug geben (Cebeci 2004).

H. Martin, *Numerische Strömungssimulation in der Hydrodynamik*,
DOI 10.1007/978-3-642-17208-3_4,

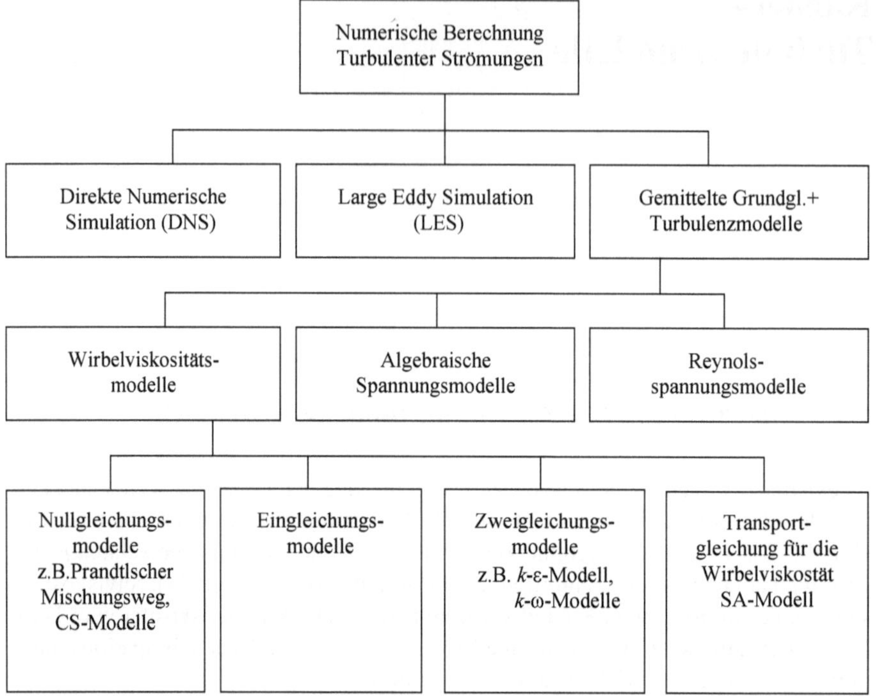

Abb. 4.1 Übersicht über Möglichkeiten zur Berechnung turbulenter Strömungen

4.2 Turbulenzparameter

4.2.1 Wirbelviskosität

Für die viskosen Spannungen, Gl. (2.37) und (2.38), erhält man mit div $\vec{v} = 0$ den einfachen Ausdruck (vgl. auch (2.39) und (2.40)):

$$\tau_{ij} = \tau_{ji} = \eta \cdot \left(\frac{\partial v_i}{\partial x_j} + \frac{\partial v_j}{\partial x_i} \right). \tag{4.1}$$

Dabei bezeichnet τ_{ij} für $i{=}j$ wieder eine Normalspannung und für $i{\neq}j$ eine Schubspannung. Um die Schwierigkeiten bei der Ermittlung der turbulenten Zusatzspannungen $\rho \cdot \overline{v_i' \cdot v_j'}$ zu umgehen, kann im einfachsten Fall für diese Spannungen ein, den viskosen Spannungen entsprechender Ansatz

$$-\rho \cdot \overline{v_i' \cdot v_j'} = \rho \cdot \nu_t \cdot \left(\frac{\overline{\partial v_i}}{\partial x_j} + \frac{\overline{\partial v_j}}{\partial x_i} \right) \tag{4.2}$$

eingeführt werden. Dieser Ansatz unterscheidet sich von Gl. (3.29) dadurch, dass er die Mittelwerte der Geschwindigkeitskomponenten und die Austauschgröße $\rho \cdot \nu_t$ enthält. Die Größe $\rho \cdot \nu_t$ steht für die Viskosität $\eta = \rho \cdot \nu$, ist jedoch keine Konstante (kein lineares Reibungsgesetz). Man bezeichnet ν_t als Wirbelviskosität, mit der die turbulente „Scheinreibung“ erfasst werden soll.

4.2.2 Wirbeldiffusivität

In direkter Analogie zum turbulenten Impuls- und Massentransport kann auch der Wärme- und Massentransport in Abhängigkeit vom Gradienten der transportierten Größe ausgedrückt werden:

$$-\overline{v_i C'} = \Gamma \cdot \frac{\partial C}{\partial x_i}. \tag{4.3}$$

Γ bezeichnet darin die turbulente Diffusivität und stellt – wie die Wirbelviskosität – keine Eigenschaft des Fluids dar. Die Diffusivität wird nur vom Zustand der Turbulenz bestimmt und kann durch

$$\Gamma = \frac{\nu_t}{\sigma_t} \tag{4.4}$$

ausgedrückt werden. Die Konstante σ_t wird beim Wärmetransport als *Prandtl*-Zahl und beim Massentransport als *Schmidt*-Zahl bezeichnet.

4.2.3 Prandtlscher Mischungsweg

Das erste Modell zur Beschreibung der Verteilung der Wirbelviskosität wurde 1925 von Prandtl als Mischungsweg-Hypothese vorgeschlagen. Ausgehend von den Erkenntnissen der kinetischen Gastheorie nahm Prandtl an, dass die Wirbelviskosität ν_t proportional den Geschwindigkeitsschwankungen v' und einer Mischungslänge l_m ist.

Für Grenzschichtströmungen im Wandbereich postulierte Prandtl

$$\nu_t = l_m^2 \cdot \left| \frac{\partial \overline{v}_x}{\partial y} \right|. \tag{4.5}$$

In dieser Beziehung bezeichnet $\partial \overline{v}_x / \partial y$ den Geschwindigkeitsgradienten senkrecht zur Hauptströmung. Für den Mischungsweg wurden von verschiedenen Autoren Ansätze veröffentlicht, die für spezifische Strömungsarten gültig sind (z. B. Schlichting 1958; von Kármán 1931).

4.2.4 Turbulente kinetische Energie

Die meisten Turbulenzmodelle beinhalten die „turbulente kinetische Energie“ k, die wie folgt definiert wird:

$$k = \frac{1}{2} \cdot \overline{v_i' \cdot v_i'} = \frac{1}{2} \cdot (\overline{v_x'^2} + \overline{v_y'^2} + \overline{v_z'^2}). \tag{4.6}$$

Das heißt, dass die Summe der Normalspannungen ($i=j$) durch

$$(\overline{v_x'^2} + \overline{v_y'^2} + \overline{v_z'^2}) \cdot \rho = 2 \cdot k \cdot \rho \tag{4.7}$$

bestimmt wird. Diese Definition erfordert jedoch, dass der Ansatz für die turbulenten Zusatzspannungen (4.2) korrigiert und durch ein Zusatzglied erweitert werden muss:

$$-\rho \cdot \overline{v_i' \cdot v_j'} = \rho \cdot \nu_t \cdot \left(\frac{\partial \overline{v_i}}{\partial x_j} + \frac{\partial \overline{v_j}}{\partial x_i} \right) - \frac{2}{3} \cdot \rho \cdot k \cdot \delta_{ij}. \tag{4.8}$$

Das letzte Glied dieses Ansatzes mit dem Kronecker-Symbol δ_{ij} stellt sicher, dass sich auch für die Summe der Normalspannungen $\rho \cdot \overline{v_i{}' \cdot v_i{}'}$ der Wert $2 \cdot k \cdot \rho$ ergibt. Ohne dieses zusätzliche Glied würden sich aus Gl. (4.2) folgende Ausdrücke ergeben:

$$\rho \cdot \overline{v_x'^2} = -2 \cdot \rho \cdot \nu_t \cdot \frac{\partial \overline{v_x}}{\partial x}, \quad \rho \cdot \overline{v_y'^2} = -2 \cdot \rho \cdot \nu_t \cdot \frac{\partial \overline{v_y}}{\partial y},$$

$$\rho \cdot \overline{v_z'^2} = -2 \cdot \rho \cdot \nu_t \cdot \frac{\partial \overline{v_z}}{\partial z}$$

deren Summe wegen $\dfrac{\partial \overline{v}_j}{\partial x_j} = 0$ und für $\rho = \text{const.}$ gleich null sein würde.

4.3 Das k-ε-Modell

4.3.1 Definition der Modellparameter

Die Definitionen der Wirbelviskosität ν_t (Gl. (4.2)) und der Mischungsweglänge l_m (Gl. (4.5)) ermöglichen, diese Parameter für spezielle Strömungsvorgänge aus algebraischen Gleichungen oder aus einer Kombination von algebraischen Gleichungen und Differentialgleichungen zu bestimmen. Diese Gleichungen werden – wie bereits dargelegt – im engeren Sinne als Turbulenzmodelle bezeichnet und erfordern eine Spezifizierung für das jeweilige Strömungsproblem. In diesen Modellen wird i. Allg. eine empirische Beziehung zwischen den Parametern l_m und ν_t verwendet, die in der Form

$$l_m = \frac{\nu_t}{c_\mu \cdot k^{1/2}} \tag{4.9}$$

angegeben werden kann. Darin bezeichnet c_μ eine empirische Konstante.

In diesen Modellen wird der Transport der turbulenten Energie auf der Grundlage des Parameters k (vgl. Abschn. 4.2.4) ausgedrückt. Zur Beschreibung der Dissipation der turbulenten Energie (Umwandlung über die zähe Reibung in Wärmeenergie) wird ein Parameter ϵ durch die Beziehung

$$\varepsilon = \frac{c_\mu \cdot k^2}{\nu_t} \tag{4.10}$$

definiert.

Dieser Parameter steht für die Umwandlung der turbulenten Energie in Wärmeenergie.

4.3.2 Modellgleichungen

Die Modellgleichungen beschreiben die Veränderung der turbulenten Energie k und der Dissipationsrate ε in Abhängigkeit von der Zeit im Strömungsraum. Die vollständige Version dieser Gleichungen kann in Tensorschreibweise wie folgt geschrieben werden:

$$\begin{aligned}\frac{\partial k}{\partial t} + v_i \cdot \frac{\partial k}{\partial x_i} &= \frac{\partial}{\partial x_i}\left(\frac{\nu_t}{\sigma_k} \cdot \frac{\partial k}{\partial x_i}\right) + \nu_t \cdot \left(\frac{\partial v_i}{\partial x_j} + \frac{\partial v_j}{\partial x_i}\right) \cdot \frac{\partial v_i}{\partial x_j} \\ &\quad + \beta \cdot g_i \cdot \frac{\nu_t}{\sigma_t} \cdot \frac{\partial \overline{C}}{\partial x_i} - \varepsilon\end{aligned} \tag{4.11}$$

und mit $$P = \nu_t \cdot \left(\frac{\partial v_i}{\partial x_j} + \frac{\partial v_j}{\partial x_i}\right) \cdot \frac{\partial v_i}{\partial x_j}$$

bzw. $$G = \beta \cdot g_i \cdot \frac{\nu_t}{\sigma_t} \cdot \frac{\partial C}{\partial x_i}$$ ist

$$\frac{\partial \varepsilon}{\partial t} + v_i \cdot \frac{\partial \varepsilon}{\partial x_i} = \frac{\partial}{\partial x_i}\left(\frac{\nu_t}{\sigma_\varepsilon} \cdot \frac{\partial \varepsilon}{\partial x_i}\right) + c_{1\varepsilon} \cdot \frac{\varepsilon}{k}(P + G) \cdot (1 + c_{3\varepsilon} \cdot R_f) - c_{2\varepsilon} \cdot \frac{\varepsilon^2}{k}. \tag{4.12}$$

Die einzelnen Glieder bedeuten:

$\frac{\partial k}{\partial t}, \frac{\partial \varepsilon}{\partial t}$ zeitliche Veränderung der Größen k und ε im Punkt des Strömungsraumes,

$v_i \cdot \frac{\partial k}{\partial x_i}, v_i \cdot \frac{\partial \varepsilon}{\partial x_i}$ Konvektion,

$\frac{\partial}{\partial x_i}\left(\frac{\nu_t}{\sigma_k} \cdot \frac{\partial_k}{\partial x_i}\right), \frac{\partial}{\partial x_i}\left(\frac{\nu_t}{\sigma_\varepsilon} \cdot \frac{\partial \varepsilon}{\partial x_i}\right)$ Diffusion.

Die restlichen Glieder stehen für die Erzeugung bzw. Reduzierung der Turbulenz.

Tab. 4.1 Empirische Konstanten des k-ε Modells

c_μ	$c_{1\varepsilon}$	$c_{2\varepsilon}$	σ_k	σ_ε
0,09	1,44	1,92	1,0	1,3

Die Modellgleichungen beinhalten empirische Konstanten, die entweder aus der folgenden, aus experimentellen Untersuchungen erhaltenen Tab. 4.1 entnommen oder aus zusätzlichen Beziehungen ermittelt werden können.

Die Bestimmung der Konstanten $c_{3\varepsilon}$ hängt von der Definition der *Richardson*-Zahl R_f ab. Wird von der Definition

$$\mathrm{R_f} = -\frac{\mathrm{G}}{\mathrm{P+G}} \tag{4.13}$$

ausgegangen, so kann mit $c_{3\varepsilon} \approx 0{,}8$ gerechnet werden (Rodi 1984).

4.3.3 Randbedingungen

Für eine Grenzschichtströmung im Bereich einer festen Begrenzung des Strömungsraumes kann für höhere Reynolds-Zahlen angesetzt werden:

$$\mathrm{v_x} \cdot \frac{\partial \mathrm{k}}{\partial \mathrm{x}} + \mathrm{v_y} \cdot \frac{\partial \mathrm{k}}{\partial \mathrm{y}} = \frac{\partial}{\partial \mathrm{y}} \left(\frac{\nu_\mathrm{t}}{\sigma_\mathrm{k}} \cdot \frac{\partial \mathrm{k}}{\partial \mathrm{y}} \right) + \nu_\mathrm{t} \cdot \left(\frac{\partial \mathrm{v_x}}{\partial \mathrm{y}} \right)^2 - \varepsilon \tag{4.14}$$

und

$$\mathrm{v_x} \cdot \frac{\partial \varepsilon}{\partial \mathrm{x}} + \mathrm{v_y} \cdot \frac{\partial \varepsilon}{\partial \mathrm{y}} = \frac{\partial}{\partial \mathrm{y}} \left(\frac{\nu_t}{\sigma_\varepsilon} \cdot \frac{\partial \varepsilon}{\partial y} \right) + c_{\varepsilon_1} \cdot \frac{\varepsilon}{\mathrm{k}} \cdot \nu_\mathrm{t} \cdot \left(\frac{\partial \mathrm{v_x}}{\partial \mathrm{y}} \right)^2 - c_{\varepsilon_2} \frac{\varepsilon^2}{\mathrm{k}}. \tag{4.15}$$

Darin bezeichnet x die Koordinate in Strömungsrichtung und y die Koordinate senkrecht zur Wand. Unmittelbar an der Wand folgt für

$$k \to k_e \quad \text{und} \quad \varepsilon \to \varepsilon_e$$

$$v_{xe} \cdot \frac{dk_e}{dx} = -\varepsilon_e \tag{4.16}$$

und

$$v_{xe} \cdot \frac{d\varepsilon_e}{dx} = -c_{\varepsilon_2} \cdot \frac{\varepsilon_e^2}{k_e}. \tag{4.17}$$

Zur Verhinderung von numerischen Problemen sollte k_e und ε_e immer größer null sein. Die Gleichungen unmittelbar an der Wand (3.44) und (3.45) können über x unter Beachtung der Anfangswerte für k_e und ε_e integriert werden.

4.3.4 Anwendungen

Zur Beschreibung einer turbulenten Strömung wird aus den gemittelten Grundgleichungen (vgl. Abschn. 3.3), den Gleichungen für das k-ε-Modell und den Randbedingungen das Ausgangsgleichungssystem gebildet. Dann folgen i. Allg. folgende Schritte:

1. Anpassung des Gleichungssystems an die gewählte Strömungsaufgabe, dabei werden alle nicht relevanten Glieder des Systems vernachlässigt.
2. Ermittlung der „Arbeitsgleichungen" durch die Einführung von endlichen Differenzen. Die Ableitung der Variablen können durch eine Taylor-Reihe angenähert werden (s. auch Numerische Methoden in Roberson und Crowe 1985)
3. Anpassung der Diskretisierung an den Strömungsraum. In Bereichen mit großen Gradienten sind kleine Gitterabstände zu wählen.
4. Programmierung und Lösung der Arbeitsgleichungen
5. Visualisierung der Turbulenz- und Strömungscharakteristika.

Eine Einführung in die Arbeit mit Turbulenzmodellen bietet z. B. das Buch *Turbulence models and their application* von Cebeci (2004) mit vorbereiteten Routinen auf einer beiliegenden CD-ROM.

Teil II
Methoden der numerischen Strömungssimulation

Kapitel 5
Einführung in den Teil II

Für die im Teil I zusammengestellten, nichtlinearen Differentialgleichungssysteme zur Beschreibung von instationären, viskosen und turbulenten Strömungen lassen sich i. Allg. keine analytischen Lösungen finden, so dass für die Auswertung dieser Systeme nur numerische Verfahren herangezogen werden können. Obwohl numerische Lösungsverfahren schon lange bekannt sind, wurde ihre Anwendung erst durch die Entwicklung der Computertechnik möglich. So fanden die ersten erfolgreichen Versuche, die *Navier-Stokes*-Gleichungen numerisch mit Computern zu lösen, etwa 1950 statt. Einen kräftigen Impuls erhielt diese Entwicklung der numerischen Strömungssimulation durch das Wirken von J. von Neumann im Los Alamos Scientific Laboratory in den USA. 1965 veröffentlichten Harlow und Fromm aus diesem Institut einen Artikel in der Zeitschrift *Scientific American* über die Möglichkeiten und Vorteile der numerischen Strömungssimulation. Mit dieser Veröffentlichung weckten die Autoren die Aufmerksamkeit und das Interesse vieler Wissenschaftler an der numerischen Strömungssimulation und leiteten damit eine erfolgreiche Entwicklung auf diesem Gebiet ein.

H. Martin, *Numerische Strömungssimulation in der Hydrodynamik*,
DOI 10.1007/978-3-642-17208-3_5, © Springer-Verlag Berlin Heidelberg 2011

Kapitel 6
Finite-Differenzen-Methode

Das Ziel der Finite-Differenzen-Methode ist, die grundlegenden Differentialgleichungen der Strömungsmechanik in lösbare algebraische Gleichungen umzuwandeln. Dabei müssen die Differentiale dieser Gleichungen durch geeignete Differenzenausdrücke ersetzt werden (Robertson und Crowe 1995).

6.1 Gewöhnliche Differentialgleichungen erster Ordnung

Die Grundlage für die Überführung der Differentiale in finite Differenzen bildet die Taylor-Reihe, mit der z. B. ein gesuchter Funktionswert $y(x_{i+1})$ durch den benachbarten Wert $y(x_i)$ ausgedrückt werden kann (vgl. Abb. 6.1):

$$y(x_{i+1}) = y(x_i) + \frac{\partial(x_i)}{\partial x} \cdot \Delta x + \frac{\partial^2(x_i)}{\partial x^2} \cdot \frac{\Delta x^2}{2!} + \frac{\partial^3(x_i)}{\partial x^3} \cdot \frac{\Delta x^3}{3!} + \cdots \tag{6.1}$$

Mit der Näherung, dass von der Taylor-Reihe nur die ersten zwei Glieder berücksichtigt werden, findet man schließlich für das Differential

$$\frac{\partial(x_i)}{\partial x} = \frac{y(x_{i+1}) - y(x_i)}{\Delta x}. \tag{6.2}$$

Schreibt man vereinfachend für $y(x_i) = y_i$ und für $y(x_{i+1}) = y_{i+1}$, so ergibt sich aus Gl. (6.2)

$$\frac{\partial(x_i)}{\partial x} = \frac{y_{i+1} - y_i}{\Delta x} \tag{6.3}$$

und man erhält damit eine Genauigkeit 1. Ordnung. Das bedeutet, dass näherungsweise der Funktionsverlauf zwischen x_i und x_{i+1} durch eine Gerade ersetzt wird.

Analog folgt aus der Entwicklung der Taylor-Reihe in die negative Richtung

$$y(x_{i-1}) = y(x_i) - \frac{\partial(x_i)}{\partial x} \cdot \Delta x + \cdots \tag{6.4}$$

H. Martin, *Numerische Strömungssimulation in der Hydrodynamik*,
DOI 10.1007/978-3-642-17208-3_6, © Springer-Verlag Berlin Heidelberg 2011

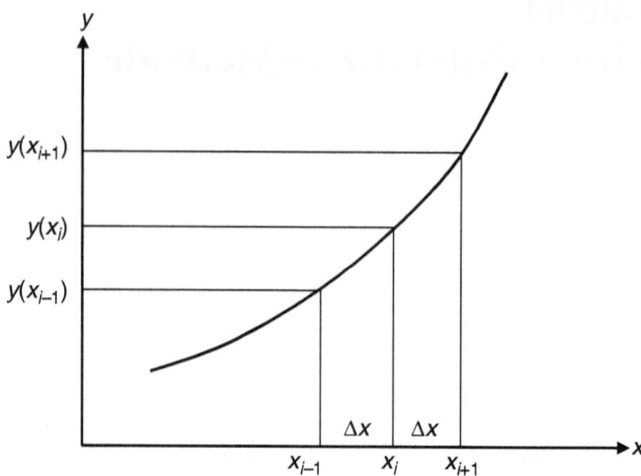

Abb. 6.1 Änderung der Funktion y(x)

für das Differential

$$\frac{\partial(x_i)}{\partial x} = \frac{y_i - y_{i-1}}{\Delta x}. \tag{6.5}$$

Man bezeichnet die Differenz nach Gl. (6.3) als Vorwärts-Differenz und die Differenz nach Gl. (6.5) als Rückwärts-Differenz. Sie besitzen beide die gleiche Genauigkeit.

Die Vorwärts-Differenz führt allerdings zu einer expliziten Lösungsmethode, während man mit der Rückwärts-Differenz immer eine implizite Lösungsmethode erhält, wie im Folgenden gezeigt wird:

Gegeben sei eine gewöhnliche Differentialgleichung erster Ordnung

$$\frac{dy}{dx} = f(x, y)$$

mit der Randbedingung $y = y_0$ bei $x = x_0$.

Aus der Vorwärts-Differenz folgt

$$\frac{y_{i+1} - y_i}{\Delta x} = f(x_i, y_i) \tag{6.6}$$

bzw.

$$y_{i+1} = y_i + \Delta x \cdot f(x_i, y_i). \tag{6.7}$$

Der Wert y_{i+1} kann also direkt aus x_i und y_i berechnet werden. Die numerische Lösung kann somit mit den Anfangswerten x_0 und y_0 starten und über den gesamten Bereich der x-Werte fortschreiten, bis der gesamte Bereich von x erfasst ist.

Aus der Rückwärts-Differenz folgt dagegen

$$\frac{y_i - y_{i-1}}{\Delta x} = f(x_i, y_i) \tag{6.8}$$

bzw.

$$y_i - \Delta x \cdot f(x_i, y_i) = y_{i-1}. \tag{6.9}$$

Der Wert y_{i-1} ist dabei entweder aus der Randbedingung oder aus dem vorangegangenen Schritt bekannt. Der gesuchte Wert y_i ist dagegen nur implizit vorhanden.

Aus den Darlegungen ist daher zu vermuten, dass das explizite Rechenschema einfacher ist. Große Schrittweiten Δx führen bei diesem Schema aber schnell zu Instabilitäten und zu Schwingungen der Ergebnisse. Kleinere Schrittweiten führen dagegen zur Stabilität und zu genaueren Ergebnissen, erfordern jedoch längere Rechenzeiten.

Die Genauigkeit der numerischen Lösung kann erheblich durch Zentral-Differenzen verbessert werden, die ebenfalls durch Taylor-Reihen-Entwicklungen für y_{i+1} und y_{i-1} hergeleitet werden können:

$$y_{i+1} = y_i + \frac{\partial y_i}{\partial x} \cdot \Delta x + \frac{\partial^2 y_i}{\partial x^2} \cdot \frac{\Delta x^2}{2!} + \frac{\partial^3 y_i}{\partial x^3} \cdot \frac{\Delta x^3}{3!} + \frac{\partial^4 y_i}{\partial x^4} \cdot \frac{\Delta x^4}{4!} + \cdots \tag{6.10}$$

$$y_{i-1} = y_i - \frac{\partial y_i}{\partial x} \cdot \Delta x + \frac{\partial^2 y_i}{\partial x^2} \cdot \frac{\Delta x^2}{2!} - \frac{\partial^3 y_i}{\partial x^3} \cdot \frac{\Delta x^3}{3!} + \frac{\partial^4 y_i}{\partial x^4} \cdot \frac{\Delta x^4}{4!} - \cdots \tag{6.11}$$

Die Subtraktion dieser beiden Gleichungen und die Berücksichtigung von drei Gliedern der jeweiligen Taylor-Reihe führen zu

$$y_{i+1} - y_{i-1} = 2 \cdot \frac{\partial y_i}{\partial x} \cdot \Delta x \tag{6.12}$$

bzw.

$$\frac{\partial y_i}{\partial x} = \frac{y_{i+1} - y_{i-1}}{2 \cdot \Delta x}. \tag{6.13}$$

Die Zentral-Differenz könnte damit auch mit einer Parabel durch die Punkte y_{i-1}, y_i und y_{i+1} bestimmt werden, deren Neigung im Punkt i ermittelt wird. Mit diesem Differenzausdruck wird eine Genauigkeit 2. Ordnung erzielt, wenn die Schrittweite Δx im gesamten x-Bereich konstant ist.

6.2 Gewöhnliche Differentialgleichungen zweiter Ordnung

Die Taylor-Reihe kann auch zur Bestimmung von Ableitungen höherer Ordnung herangezogen werden. Um eine zweite Ableitung durch finite Differenzen auszudrücken, sind mindestens drei Punkte einer Funktion erforderlich. Ein Zusammenhang für drei Punkte lässt sich z. B. durch die Addition von Gl. (6.10) und (6.11) finden. Man erhält

$$y_{i+1} + y_{i-1} - 2 \cdot y_i = \frac{\partial^2 y_i}{\partial x_i^2} \cdot \Delta x^2 + \cdots, \tag{6.14}$$

wenn von jeder Taylor-Reihe 4 Glieder berücksichtigt werden. Für die zweite Ableitung der Funktion y(x) am Punkt i folgt daraus

$$\frac{\partial^2 y_i}{\partial x_i^2} = \frac{y_{i+1} + y_{i-1} - 2 \cdot y_i}{\Delta x^2}. \tag{6.15}$$

6.3 Ungleichförmige Netze

Wenn ein Netz mit ungleichförmigen Abständen der Berechnungspunkte vorliegt, kann ein Ungleichförmigkeitsfaktor a eingeführt werden, mit dem die Maschenweite $a \cdot \Delta x$ festgelegt wird (vgl. Abb. 6.2).

Auch in diesem Fall können die finiten Differenzen mit der Taylor-Reihe ermittelt werden. Mit den Bezeichnungen aus Abb. 6.2 ergibt sich

$$y_{i+1} = y_i + \frac{\partial y_i}{\partial x_i} \cdot a \cdot \Delta x + \frac{\partial^2 y_i}{\partial x^2} \cdot a^2 \cdot \frac{\Delta x^2}{2!} + \frac{\partial^3 y_i}{\partial x^3} \cdot a^3 \cdot \frac{\Delta x^3}{3!} + \cdots \tag{6.16}$$

$$y_{i-1} = y_i - \frac{\partial y_i}{\partial x_i} \cdot \Delta x + \frac{\partial^2 y_i}{\partial x^2} \cdot \frac{\Delta x^2}{2!} - \frac{\partial^3 y_i}{\partial x^3} \cdot \frac{\Delta x^3}{3!} + \cdots. \tag{6.17}$$

Für die erste Ableitung folgt aus Gl. (6.16) die Vorwärts-Differenz

$$\frac{\partial y_i}{\partial x_i} = \frac{y_{i+1} - y_i}{a \cdot \Delta x} \tag{6.18}$$

und aus Gl. (6.17) die Rückwärts-Differenz

$$\frac{\partial y_i}{\partial x_i} = \frac{y_i - y_{i-1}}{\Delta x}. \tag{6.19}$$

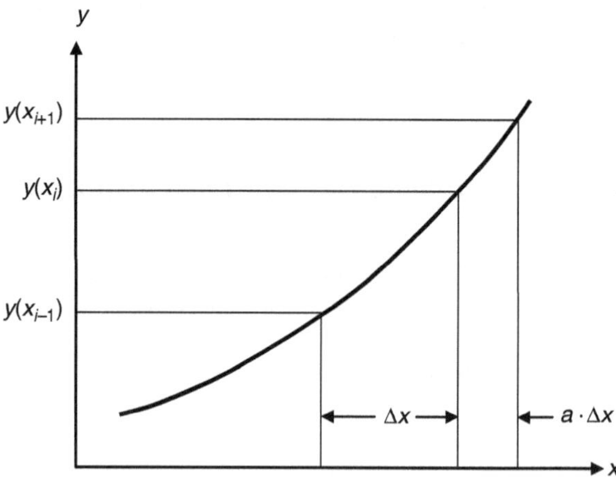

Abb. 6.2 Netz mit ungleichförmigem Abstand der Berechnungspunkte

Die Subtraktion der Gl. (6.17) von (6.16) liefert die Zentral-Differenz

$$\frac{\partial y_i}{\partial x_i} = \frac{y_{i+1} - y_{i-1}}{a + 2 \cdot \Delta x}, \tag{6.20}$$

wenn jeweils zwei Glieder der Taylor-Reihe berücksichtigt werden.

Einen Ausdruck für die zweite Ableitung findet man, wenn Gl. (6.17) mit dem Faktor a multipliziert und das Ergebnis zur Gl. (6.16) addiert wird. Man erhält

$$y_{i+1} - a \cdot y_{i-1} - (a+1) \cdot y_i = \frac{\partial^2 y_i}{\partial x_i^2} \cdot \frac{\Delta x^2}{2} \cdot (a^2 + a)$$

bzw.

$$\frac{\partial^2 y_i}{\partial x_i^2} = \frac{2}{a^2 + a} \cdot \left(\frac{y_{i+1} - a \cdot y_{i-1} - (a+1) \cdot y_i}{\Delta x^2} \right). \tag{6.21}$$

6.4 Partielle Differentialgleichungen

Bei den wichtigsten Gleichungen für die Strömungssimulation handelt es sich – wie im Teil I dargestellt – um partielle Differentialgleichungen, für die auch eine Finite-Differenzen-Formulierung gefunden werden muss. Betrachtet man z. B. die Funktion $z(x, y)$, die in dem von den Koordinaten x, y, z aufgespannten Raum eine Fläche bildet, und eine auf der Fläche liegende Kurve $z(x, y_0)$, so kann auch hier der Funktionswert für z an der Stelle $(x_0 + \Delta x, y_0)$ durch den Funktionswert des benachbarten Punktes (x_0, y_0) mit einer Taylor-Reihe ausgedrückt werden (Abb. 6.3).

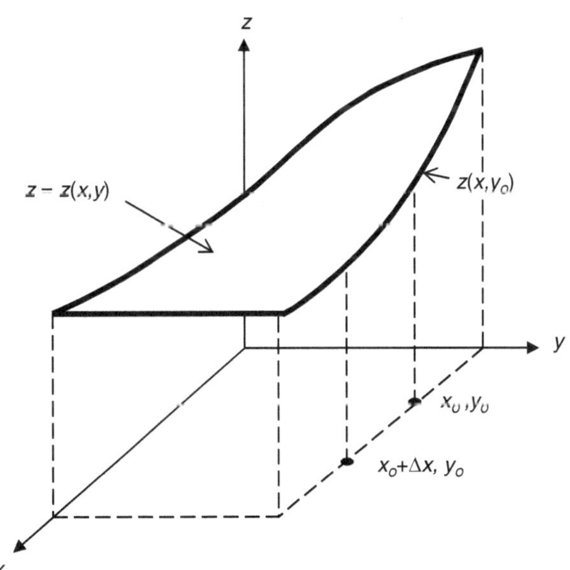

Abb. 6.3 Funktion $z(x, y)$ und Kurve $z(x, y_0)$

Für diesen Fall gilt

$$z(x_0 + \Delta x, y_0) = z(x_0, y_0) + \frac{\partial z_0}{\partial x_0} \cdot \Delta x + \frac{\partial^2 z_0}{\partial x_0^2} \cdot \Delta x^2 + \cdots . \tag{6.22}$$

Die partielle Ableitung der Funktion $z(x, y)$ in Bezug auf x stellt somit die Neigung der betrachteten Kurve für den Punkt $y = y_0$ dar. Bezeichnet man den z-Wert am Punkt (x_0, y_0) mit $z_{i,j}$, den z-Wert am Punkt $(x_0 + \Delta x, y_0)$ mit $z_{i+1,j}$ und den z-Wert am Punkt $(x_0 - \Delta x, y_0)$ mit $z_{i-1,j}$, so erhält man für die partielle Ableitung in x-Richtung

$$\frac{\partial z_i}{\partial x_i} = \frac{z_{i+1,j} - z_{i,j}}{\Delta x} \tag{6.23}$$

als Vorwärts-Differenz,

$$\frac{\partial z_i}{\partial x_i} = \frac{z_{i,j} - z_{i-1,j}}{\Delta x} \tag{6.24}$$

als Rückwärts-Differenz und

$$\frac{\partial z_i}{\partial x_i} = \frac{z_{i+1,j} - z_{i-1,j}}{2 \cdot \Delta x} \tag{6.25}$$

als Zentral-Differenz.

Entsprechend Gl. (6.15) folgt für die zweite partielle Ableitung nach x bei konstanten Δx-Werten

$$\frac{\partial^2 z_i}{\partial x_i^2} = \frac{z_{i+1,j} - 2 \cdot z_{i,j} + z_{i-1,j}}{\Delta x^2} \tag{6.26}$$

und nach y bei konstanten Δy-Werten

$$\frac{\partial^2 z_i}{\partial y_i^2} = \frac{z_{i,j+1} - 2 \cdot z_{i,j} + z_{i,j-1}}{\Delta y^2}. \tag{6.27}$$

Für ein ungleichförmiges Netz, bei dem der Abstand zwischen den Punkten (i, j) und $(i + 1, j)$ in positiver x-Richtung $a \cdot \Delta x$ und zwischen den Punkten (i, j)und $(i - 1, j)$ in negativer x-Richtung Δx beträgt, erhält man

$$\frac{\partial^2 z_i}{\partial x_i^2} = \frac{2}{a^2 + a} \cdot \left(\frac{z_{i+1,j} - (1 + a) \cdot z_{i,j} + a \cdot z_{i-1,j}}{\Delta x^2} \right) \tag{6.28}$$

bzw. für ein Netz, bei dem der Abstand zwischen den Punkten (i, j) und $(i, j + 1)$ in positiver y-Richtung $a \cdot \Delta y$ und zwischen den Punkten (i, j) und $(i, j - 1)$ in negativer y-Richtung Δy beträgt, ergibt sich (vgl. Abb. 6.4)

$$\frac{\partial^2 z_i}{\partial y_i^2} = \frac{2}{a^2 + a} \cdot \left(\frac{z_{i,j+1} - (1 + a) \cdot z_{i,j} + a \cdot z_{i,j-1}}{\Delta y^2} \right). \tag{6.29}$$

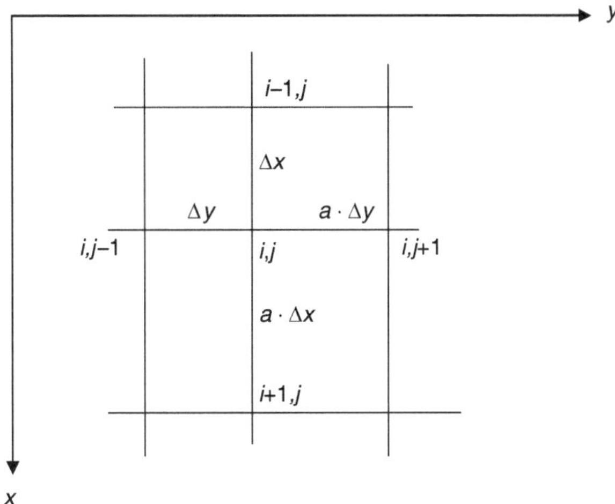

Abb. 6.4 Ungleichförmiges zweidimensionales Netz

6.5 Beispiel 1: Couette-Strömung mit veränderlicher Viskosität

Es wird eine Strömung zwischen zwei Platten betrachtet, die sich mit unterschiedlicher Geschwindigkeit bewegen. Die mitschleppende Kraft der Platten verursacht dabei in der viskosen Flüssigkeit eine Strömung, für die jedoch nur die Relativgeschwindigkeit der Platten von Bedeutung ist. Es wird daher angenommen, dass die untere Platte fest ist und die obere sich mit der Geschwindigkeit u bewegt. Gesucht werden soll die Verteilung der Geschwindigkeit $u(y)$ zwischen den Platten (vgl. Abb. 6.5).

Da das betrachtete Strömungselement in Abb. 6.5 in Ruhe verbleibt, kann die Summe der am Element angreifenden Kräfte gleich null gesetzt werden. Wird mit τ die Schubspannung in der Elementfläche $\Delta x \cdot \Delta z$ bezeichnet, so folgt daraus mit

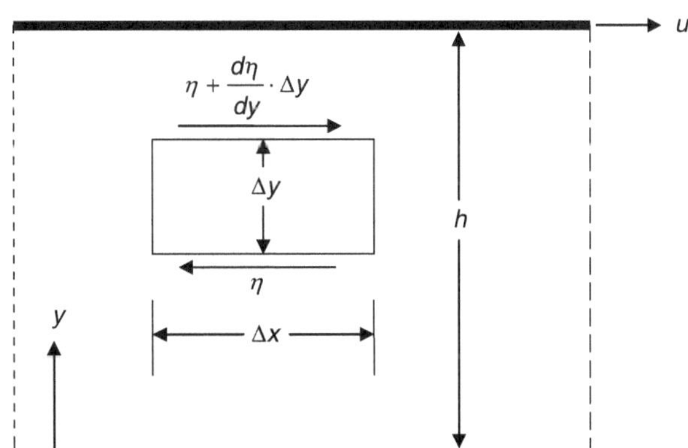

Abb. 6.5 Strömungselement in der Couette-Strömung. (Robertson und Crowe 1995)

$\Delta z = 1$ in horizontaler Richtung

$$\left(\tau + \frac{d\tau}{dy} \cdot \Delta y\right) \cdot \Delta x - \tau \cdot \Delta x = 0 \tag{6.30}$$

bzw.

$$\frac{d\tau}{dy} = 0. \tag{6.31}$$

Mit dem Newtonschen Ansatz für die Schubspannung

$$\tau = \eta \cdot \frac{du}{dy}, \tag{6.32}$$

in dem η die dynamische Viskosität in (Pa s) bezeichnet, erhält man schließlich die bestimmende Gleichung

$$\frac{d}{dy} \cdot \left(\eta \cdot \frac{du}{dy}\right) = 0. \tag{6.33}$$

Für $\eta = const.$ folgt daraus

$$\frac{d^2u}{dy^2} = 0.$$

Mit dem Ansatz

$$u = A + B \cdot y \tag{6.34}$$

und den Randbedingungen $u(0) = 0$ und $u(h) = u$ findet man die klassische Lösung für die Couette-Strömung

$$u(y) = u \cdot \frac{y}{h}. \tag{6.35}$$

Im vorliegenden Beispiel soll nun aber von einer ungleichförmigen Verteilung der Viskosität ausgegangen werden, die z. B. durch eine unterschiedliche Temperaturverteilung verursacht werden kann. Da im Folgenden nur der Berechnungsvorgang im Fokus stehen soll, werden folgende dimensionslose Größen eingeführt:

$$\eta = e^{2\cdot\left(1-\frac{y}{h}\right)}, \tag{6.36}$$

$$u(0) = 0 \quad \text{und} \quad u(h) = 1. \tag{6.37}$$

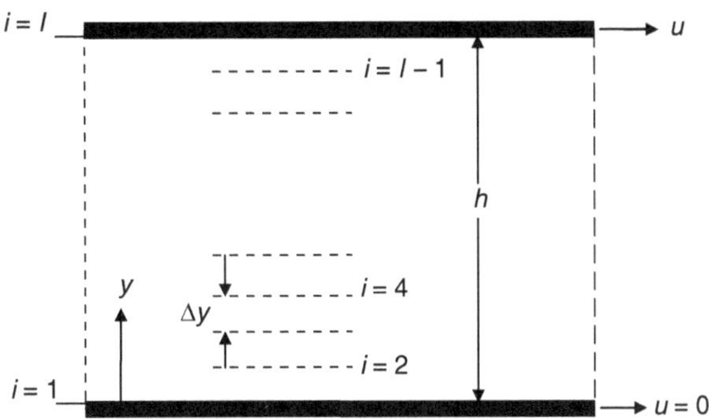

Abb. 6.6 Netz zur Analyse der Couette-Strömung

6.5.1 *Finite-Differenzen-Gleichung*

Im vorliegenden Fall erhält man im Strömungsgebiet ein einfaches Netz, das nur aus horizontalen Linien besteht (Abb. 6.6).

Dabei werden die untere Begrenzung des Strömungsgebietes von der Linie $i = 1$ und die obere Begrenzung im Abstand h von der Linie $i = I$ gebildet. Der Abstand der Linien i beträgt

$$\Delta y = \frac{h}{I - 1}. \tag{6.38}$$

Die Finite-Differenzen-Gleichung kann für eine Netzlinie i mit der Vorwärts-Differenz für den Punkt $i - \frac{1}{2}$ wie folgt geschrieben werden:

$$\frac{d}{dy} \cdot \left(\eta(y) \cdot \frac{du}{dy}\right) = \frac{\eta_{i+\frac{1}{2}} \cdot \left.\frac{du}{dy}\right|_{i+\frac{1}{2}} - \eta_{i-\frac{1}{2}} \cdot \left.\frac{du}{dy}\right|_{i-\frac{1}{2}}}{\Delta y}. \tag{6.39}$$

Wird für die Änderung von u in y-Richtung an dem Punkt $i + \frac{1}{2}$ eine Vorwärts-Differenz und am Punkt $i - \frac{1}{2}$ eine Rückwärts-Differenz eingeführt, so erhält man weiter

$$\frac{\eta_{i+\frac{1}{2}} \cdot (u_{i+1} - u_i) - \eta_{i-\frac{1}{2}} \cdot (u_i - u_{i-1})}{\Delta y^2} = 0 \tag{6.40}$$

bzw.

$$\eta_{i+\frac{1}{2}} \cdot u_{i+1} - \left(\eta_{i+\frac{1}{2}} + \eta_{i-\frac{1}{2}}\right) \cdot u_i + \eta_{i-\frac{1}{2}} \cdot u_{i-1} = 0. \tag{6.41}$$

Die resultierende Gl. (6.41) repräsentiert ein System von Finite-Differenzen-Gleichungen mit den Randbedingungen

$$u_1 = 0 \quad \text{und} \quad u_I = 1. \tag{6.42}$$

Im Ergebnis sind also $I - 2$ algebraische Gleichungen zu lösen. Setzt man z. B. $I = 6$, so erhält man vier Gleichungen für u_i,

für $i = 2$

$$-(\eta_{2.5} + \eta_{1.5}) \cdot u_2 + \eta_{2.5} \cdot u_3 + 0 \cdot u_4 + 0 \cdot u_5 = 0, \tag{6.43}$$

für $i = 3$

$$\eta_{2.5} \cdot u_2 - (\eta_{2.5} + \eta_{3.5}) \cdot u_3 + \eta_{3.5} \cdot u_4 + 0 \cdot u_5 = 0, \tag{6.44}$$

für $i = 4$

$$0 \cdot u_2 + \eta_{3.5} \cdot u_3 - (\eta_{3.5} + \eta_{4.5}) \cdot u_4 + \eta_{4.5} \cdot u_5 = 0 \tag{6.45}$$

und für $i = 5$

$$0 \cdot u_2 + 0 \cdot u_3 + \eta_{4.5} \cdot u_4 - (\eta_{4.5} + \eta_{5.5}) \cdot u_5 = \eta_{5.5}. \tag{6.46}$$

Unter Beachtung von Gl. (6.36) folgt daraus das lineare Gleichungssystem:

$$\begin{aligned}
-10{,}105 \cdot u_2 + 4{,}055 \cdot u_3 + \quad 0 \cdot u_4 + \quad 0 \cdot u_5 &= 0\\
4{,}055 \cdot u_2 - 6{,}773 \cdot u_3 + 2{,}718 \cdot u_4 + \quad 0 \cdot u_5 &= 0\\
0 \cdot u_2 + 2{,}718 \cdot u_3 - 4{,}540 \cdot u_4 + 1{,}822 \cdot u_5 &= 0\\
0 \cdot u_2 + \quad 0 \cdot u_3 + 1{,}822 \cdot u_4 - 3{,}044 \cdot u_5 &= -1{,}221
\end{aligned} \tag{6.47}$$

Aus diesem System können die Geschwindigkeitswerte u_1 bis u_5 bestimmt werden.

6.5.2 *Lösung linearer Gleichungssysteme*

Wie am Beispiel der Couette-Strömung exemplarisch gezeigt, führt die Formulierung von Finite-Differenzen-Gleichungen in der numerischen Strömungssimulation i. Allg. zu algebraischen Gleichungssystemen. Die Lösung dieser Gleichungssysteme hat daher für die Aufgaben der numerischen Simulation eine zentrale Bedeutung. Im Folgenden sollen daher einige Lösungsverfahren dargestellt werden. Zur Verdeutlichung der Berechnungsmethoden werden die einzelnen Lösungsverfahren auf das entwickelte Gleichungssystem des betrachteten Beispiels (Couette-Strömung) angewendet.

6.5.2.1 Matrizen-Methode

Bei dieser Lösungsmethode wird das entwickelte Gleichungssystem zunächst in Matrizenform geschrieben:

$$\begin{vmatrix} -10{,}105 & 4{,}055 & 0 & 0\\ 4{,}055 & -6{,}773 & 2{,}718 & 0\\ 0 & 2{,}718 & -4{,}540 & 1{,}822\\ 0 & 0 & 1{,}822 & -3{,}045 \end{vmatrix} \cdot \begin{vmatrix} u_2\\ u_3\\ u_4\\ u_5 \end{vmatrix} = \begin{vmatrix} 0\\ 0\\ 0\\ -1{,}221 \end{vmatrix} \tag{6.48}$$

In Kurzform kann dafür geschrieben werden

$$[A] \cdot \{u\} = \{c\}, \tag{6.49}$$

aus der eine Lösung für den Geschwindigkeitsvektor in der Form

$$\{u\} = [A]^{-1} \cdot \{c\} \tag{6.50}$$

gefunden werden kann. Die inverse Matrix $[A]^{-1}$ kann z. B. mit der Adjunktenmethode ermittelt werden:

$$[A]^{-1} = \frac{1}{\det A} \cdot (A_{ik})^T. \tag{6.51}$$

Der Wert der Determinante $A(\det A)$ ergibt sich im vorliegenden Beispiel zu

$$\det A = 318{,}747.$$

Aus der transponierten Matrix

$$(A_{ik})^T = \begin{vmatrix} -10{,}105 & 4{,}055 & 0 & 0 \\ 4{,}055 & -6{,}773 & 2{,}718 & 0 \\ 0 & 2{,}718 & -4{,}540 & 1{,}822 \\ 0 & 0 & 1{,}822 & -3{,}045 \end{vmatrix} \tag{6.52}$$

findet man dann mit der Adjunktenregel eine Matrix, die nach der Multiplikation mit $\frac{1}{\det A}$ die gesuchte inverse Matrix darstellt:

$$[A]^{-1} = \begin{vmatrix} -0{,}153 & -0{,}134 & -0{,}105 & -0{,}063 \\ -0{,}134 & -0{,}333 & -0.262 & -0{,}157 \\ -0{,}105 & -0{,}262 & -0{,}497 & -0{,}297 \\ -0{,}063 & -0{,}157 & -0{,}297 & -0{,}506 \end{vmatrix} \tag{6.53}$$

Mit der bekannten Matrix $[A]^{-1}$ kann schließlich aus Gl. (6.50) der gesuchte Lösungsvektor $\{u\}$ ermittelt werden. Man erhält

$$\{u\} = \begin{vmatrix} (-1{,}221) \cdot (-0{,}063) \\ (-1{,}221) \cdot (-0{,}157) \\ (-1{,}221) \cdot (-0{,}217) \\ (-1{,}221) \cdot (-0{,}506) \end{vmatrix} = \begin{vmatrix} 0{,}077 \\ 0{,}192 \\ 0{,}363 \\ 0{,}619 \end{vmatrix}. \tag{6.54}$$

In Abb. 6.7 sind die Viskosität in Abhängigkeit von y und die ermittelte Geschwindigkeitsverteilung $u(y)$ dargestellt. Wenn es sich dabei z. B. um eine Ölströmung handelt, könnte die Zunahme der Temperatur von der unteren zur oberen Platte zu einer Verminderung der dynamischen Viskosität führen, die an der oberen Platte ihren geringsten Wert erreicht, der im betrachteten Beispiel mit 1 angenommen wurde.

Die dargestellte Lösungsmethode (Matrizen-Methode) erscheint auf den ersten Blick relativ einfach und übersichtlich. In der praktischen Anwendung erfordert aber die Inversion großer Matrizen einen erheblichen Rechenaufwand.

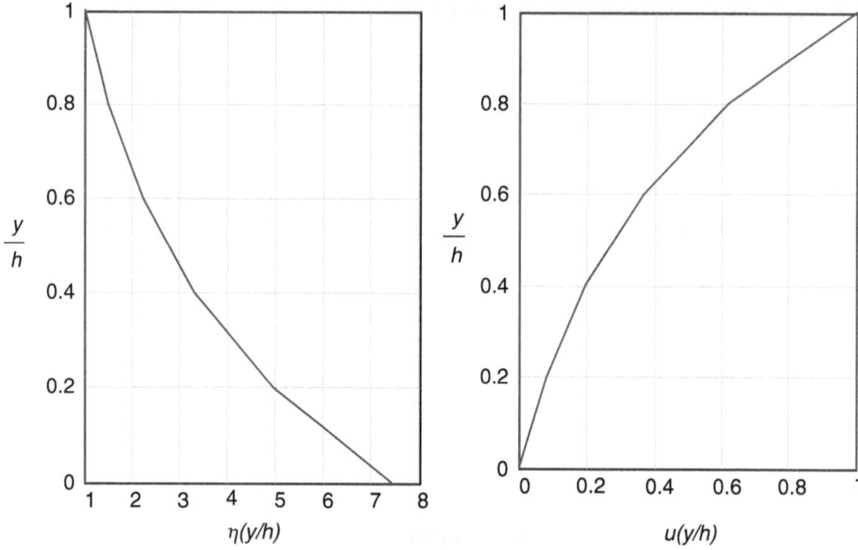

Abb. 6.7 Verteilung der Viskosität η und der Geschwindigkeit u in der Couette-Strömung

6.5.2.2 Tridiagonalmatrix – Algorithmus

Eine Tridiagonalmatrix (Dreibandmatrix) ist eine quadratische Matrix, bei der nur die Hauptdiagonale und die beiden Nebendiagonalen Elemente enthalten, die ungleich null sind. Lineare Gleichungssysteme mit einer Tridiagonalmatrix lassen sich – wenn keine Stabilitätsprobleme auftreten – mit dem schnellen Thomas-Algorithmus effizient lösen. Die allgemeine Form dieser Finite-Differenzen-Gleichungen lautet

$$a_i \cdot u_{i-1} + b_i \cdot u_i + c_i \cdot u_{i+1} = d_i. \tag{6.55}$$

Darin bezeichnen a_i, b_i, c_i und d_i die Koeffizienten der Differenzengleichung. Der Thomas-Algorithmus beruht auf der Anwendung der Rekursionsformel für u_i

$$u_{i-1} = e_i \cdot u_i + f_i. \tag{6.56}$$

Setzt man diese Formel in Gl. (6.55) ein und löst nach u_i auf, so erhält man

$$u_i = \frac{-c_i \cdot u_{i+1} + d_i - a_i \cdot f_i}{a_i \cdot e_i + b_i}. \tag{6.57}$$

Ersetzt man in Gl. (6.56) i durch $i + 1$, so wird

$$u_i = e_{i+1} \cdot u_{i+1} + f_{i+1} \tag{6.58}$$

mit den Koeffizienten

$$e_{i+1} = \frac{-c_i}{a_i \cdot e_i + b_i} \tag{6.59}$$

Tab. 6.1 Werte für die Berechnung mit der Tridiagonalmatrix

i	e_i	f_i	u_i
1	–	–	0
2	0	0	0,077
3	0,401	0	0,192
4	0,528	0	0,363
5	0,587	0	0,618
6	0	0,618	1,000

und

$$f_{i+1} = \frac{d_i - a_i \cdot f_i}{a_i \cdot e_i + b_i}. \tag{6.60}$$

Man erkennt, dass man mit den Anfangswerten für e_i und f_i die Koeffizienten e_{i+1} und f_{i+1} berechnen kann. Somit kann man durch sukzessive Anwendung von Gl. (6.59) und (6.60) auch alle anderen Koeffizienten berechnen. Wenn schließlich alle Werte für e_i und f_i bekannt sind, findet man ausgehend vom bekannten Randwert für $u_{i\max}$ aus Gl. (6.56) die gesuchten Werte für u_i (vgl. auch den Lösungsalgorithmus im Anhang 2).

Bei der Anwendung dieses Algorithmus auf das Gleichungssystem (6.47) der Couette-Stömung kann man mit $i = 1$ starten. Da $u_1 = 0$ ist, kann für b_1 eine beliebige Zahl eingesetzt werden, um das Auftreten von unbestimmten Ausdrücken beim Start zu vermeiden. Die Ergebnisse der Berechnung sind in der folgenden Tab. 6.1 zusammengestellt:

6.5.2.3 Gaußsche Eliminationsverfahren

Das Gaußsche Eliminationsverfahren (oder einfach Gauß-Verfahren) ist ein wichtiges Verfahren zur Lösung linearer Gleichungssysteme. Bei diesem Verfahren wird durch elementare Umformungen das Gleichungssystem, aber nicht die Lösung verändert. Durch die Umformungen wird das Gleichungssystem in eine Stufenform gebracht, aus der die Lösung durch sukzessive Elimination der Unbekannten ermittelt werden kann.

In seiner Grundform ist der Algorithmus anfällig für Rundungsfehler bzw. er versagt, wenn z. B. der Koeffizient der ersten Zeile des Systems (a_{11}) gleich null ist. In diesen Fällen hilft die Pivotisierung, bei der durch den Tausch von Zeilen oder Spalten der Koeffizientenmatrix dafür gesorgt wird, dass der Algorithmus starten kann.

Im Folgenden soll das Eliminationsverfahren auf das betrachtete Gleichungssystem der Couette-Strömung (6.47) angewendet werden. Zu diesem Zweck wird das System in der Form

$$\begin{aligned}
a_{11} \cdot u_2 + a_{12} \cdot u_3 + a_{13} \cdot u_4 + a_{14} \cdot u_5 &= b_1 \\
a_{21} \cdot u_2 + a_{22} \cdot u_3 + a_{23} \cdot u_4 + a_{24} \cdot u_5 &= b_2 \\
a_{31} \cdot u_2 + a_{32} \cdot u_3 + a_{33} \cdot u_4 + a_{34} \cdot u_5 &= b_3 \\
a_{41} \cdot u_2 + a_{42} \cdot u_3 + a_{43} \cdot u_4 + a_{44} \cdot u_5 &= b_4
\end{aligned} \tag{6.61}$$

geschrieben. Die Koeffizienten erhalten dann folgende Werte:

$a_{11} = -10{,}105$	$a_{12} = 4{,}055$	$a_{13} = 0$	$a_{14} = 0$
$a_{21} = 4{,}055$	$a_{22} = -6{,}773$	$a_{23} = 2{,}718$	$a_{24} = 0$
$a_{31} = 0$	$a_{32} = 2{,}718$	$a_{33} = -4{,}540$	$a_{34} = 1{,}882$
$a_{41} = 0$	$a_{42} = 0$	$a_{43} = 1{,}882$	$a_{44} = -3{,}044$

Außerdem ist

$$b_1 = b_2 = b_3 = 0$$

und

$$b_4 = -1,221.$$

Da das erste Element der ersten Zeile $a_{11} \neq 0$ ist, kann im vorliegenden Fall auf die Pivotisierung verzichtet werden.

Der Koeffizient a_{21} kann nun zum Verschwinden gebracht werden, indem ein geeignetes Vielfaches der ersten Zeile zur 2. Zeile addiert wird. Ein geeigneter Multiplikator ist

$$c_2 = -\frac{a_{21}}{a_{11}}. \tag{6.62}$$

Damit ergeben sich die neuen Koeffizienten der zweiten Zeile zu

$$\begin{aligned}
\bar{a}_{21} &= a_{21} + c_2 \cdot a_{11}, \\
\bar{a}_{22} &= a_{22} + c_2 \cdot a_{12}, \\
\bar{a}_{23} &= a_{23} + c_2 \cdot a_{13}, \\
\bar{a}_{24} &= a_{24} + c_2 \cdot a_{14},
\end{aligned}$$

und daraus

$$\bar{a}_{21} = 0, \quad \bar{a}_{22} = 5.146, \quad \bar{a}_{23} = 2,718, \quad \bar{a}_{24} = 0.$$

In der dritten Zeile kann a_{32} auf den Wert null gebracht werden, indem die neue zweite Zeile mit

$$c_3 = -\frac{a_{33}}{\bar{a}_{22}} \tag{6.63}$$

multipliziert und zur dritten Zeile addiert wird:

$$\begin{aligned}
\bar{a}_{31} &= a_{31} + c_3 \cdot \bar{a}_{21}, \\
\bar{a}_{32} &= a_{32} + c_3 \cdot \bar{a}_{22}, \\
\bar{a}_{33} &= a_{33} + c_3 \cdot \bar{a}_{23}, \\
\bar{a}_{34} &= a_{34} + c_3 \cdot \bar{a}_{24}
\end{aligned}$$

mit

$$\bar{a}_{31} = 0, \quad \bar{a}_{32} = 0, \quad \bar{a}_{33} = -3{,}104, \quad \bar{a}_{34} = 1{,}822.$$

Schließlich kann auch für den Koeffizienten a_{43} eine null erreicht werden, wenn die neue dritte Zeile mit

$$c_4 = -\frac{a_{43}}{\bar{a}_{33}} \tag{6.64}$$

multipliziert und zur 4. Zeile addiert wird:

$$\begin{aligned} \bar{a}_{41} &= a_{41} + c_4 \cdot \bar{a}_{31}, \\ \bar{a}_{42} &= a_{42} + c_4 \cdot \bar{a}_{32}, \\ \bar{a}_{43} &= a_{43} + c_4 \cdot \bar{a}_{33}, \\ \bar{a}_{44} &= a_{44} + c_4 \cdot \bar{a}_{34} \end{aligned}$$

mit

$$\bar{a}_{41} = 0, \quad \bar{a}_{42} = 0, \quad \bar{a}_{43} = 0, \quad \bar{a}_{44} = -1{,}975.$$

Aus der neuen 4. Zeile des Gleichungssystems folgt nun

$$u_5 = \frac{b_4}{\bar{a}_{44}} = 0{,}618. \tag{6.65}$$

Die weitere Lösung des Systems kann z. B. durch rückwärtiges Einsetzen der ermittelten u-Werte in das Ausgangssystem (6.61) erfolgen. Man erhält

$$\begin{aligned} u_4 &= \frac{1}{a_{43}} \cdot (b_4 - a_{44} \cdot u_5), \\ u_4 &= 0.363 \end{aligned} \tag{6.66}$$

$$\begin{aligned} u_3 &= \frac{1}{a_{32}} \cdot (-a_{33} \cdot u_4 - a_{34} \cdot u_5), \\ u_3 &= 0.192 \end{aligned} \tag{6.67}$$

$$\begin{aligned} u_2 &= \frac{1}{a_{11}} \cdot (-a_{12} \cdot u_3), \\ u_2 &= 0{,}077. \end{aligned} \tag{6.68}$$

In dem beigefügten Programm „Gaus“ ist eine allgemeine Lösungsroutine aus (Hirte 2003) in ein lauffähiges Visual-C#-Programm gesetzt und damit das betrachtete Gleichungssystem gelöst worden. Die Routine beinhaltet die Normalisierung und vollständige Pivotisierung des zu lösenden Gleichungssystems (vgl. auch Kap. 10).

6.5.2.4 Die LR-Zerlegung

Das Ziel der LR-Zerlegung ist die Lösung der Matrix-Gleichung

$$A \cdot x = b \tag{6.69}$$

Darin bezeichnen A die Koeffizientenmatrix des Gleichungssystems, b den Lösungsvektor und x den gesuchten Vektor.

Zur Lösung dieser Gleichung wird die Matrix A mit der Gauß-Elimination auf eine Dreiecksform gebracht, indem alle Koeffizienten unter der Hauptdiagonale den Wert null annehmen. Die dabei entstehende Matrix wird als R bezeichnet und die dabei benutzten Faktoren werden in eine neue Matrix geschrieben, die mit L bezeichnet werden soll. Die Hauptdiagonale dieser Matrix wird mit der Zahl „1" belegt und unter der Hauptdiagonale werden die für die Elimination benutzten Faktoren an den Stellen eingetragen, an denen sie in der Matrix A die null erzeugt haben. Alle anderen Elemente der L-Matrix werden null gesetzt. Dadurch entsteht die Matrix-Gleichung

$$L \cdot R = A, \tag{6.70}$$

und Gl. (6.69) erhält die Form

$$L \cdot R \cdot x = b. \tag{6.71}$$

Mit

$$R \cdot x = y \tag{6.72}$$

erhält man schließlich

$$L \cdot y = b. \tag{6.73}$$

Diese Gleichung lässt sich leicht nach dem Vektor y auflösen, da L eine Dreiecksmatrix ist. Im letzten Schritt kann dann aus

$$R \cdot x = y$$

der gesuchte Vektor gefunden werden.

Bei der Anwendung der LR-Zerlegung auf das betrachtete Gleichungssystem der Couette Strömung wird wieder von der Koeffizienten-Matrix des Systems (6.61) ausgegangen und daraus die L- und R-Matrix erzeugt.

Die Matrix R entsteht aus der Matrix A, wenn die erste Zeile mit dem Faktor

$$k_{21} = \frac{a_{21}}{a_{11}} \tag{6.74}$$

multipliziert und von der zweiten Zeile subtrahiert wird. Dadurch wird $a_{21} = 0$.

Die neue zweite Zeile wird dann mit dem Faktor

$$k_{32} = \frac{a_{32}}{\bar{a}_{33}} \tag{6.75}$$

multipliziert und von der dritten Zeile subtrahiert. Als letztes wird die neue dritte Zeile mit

$$k_{43} = \frac{a_{43}}{\bar{a}_{33}} \tag{6.76}$$

multipliziert und von der vierten Zeile abgezogen.

Die ermittelten Faktoren k_{21}, k_{32} und k_{43} werden an den entsprechenden Stellen in die L-Matrix eingetragen. Im Ergebnis erhält man

$$L \cdot R = A \tag{6.77}$$

$$\begin{vmatrix} 1 & 0 & 0 & 0 \\ k_{21} & 1 & 0 & 0 \\ 0 & k_{32} & 1 & 0 \\ 0 & 0 & k_{43} & 1 \end{vmatrix} \cdot \begin{vmatrix} a_{11} & a_{12} & a_{13} & a_{14} \\ 0 & \bar{a}_{22} & \bar{a}_{23} & \bar{a}_{24} \\ 0 & 0 & \bar{a}_{33} & \bar{a}_{34} \\ 0 & 0 & 0 & \bar{a}_{44} \end{vmatrix} = \begin{vmatrix} a_{11} & a_{12} & a_{13} & a_{14} \\ a_{21} & a_{22} & a_{23} & a_{24} \\ a_{31} & a_{32} & a_{33} & a_{34} \\ a_{41} & a_{42} & a_{43} & a_{44} \end{vmatrix}$$

Die Zerlegung kann durch die Matrizenmultiplikation $L \cdot R$ überprüft werden. Ein Element a_{ij} der Matrix A muss sich aus der Multiplikation der i-ten Zeile von L mit der j-ten Spalte von R ergeben.

Als nächstes werden die Zwischenwerte y aus

$$L \cdot y = b \tag{6.78}$$

ermittelt. Aus

$$\begin{vmatrix} 1 & 0 & 0 & 0 \\ k_{21} & 1 & 0 & 0 \\ 0 & k_{32} & 1 & 0 \\ 0 & 0 & k_{43} & 1 \end{vmatrix} \cdot \begin{vmatrix} y_1 \\ y_2 \\ y_3 \\ y_4 \end{vmatrix} = \begin{vmatrix} b_1 \\ b_2 \\ b_3 \\ b_4 \end{vmatrix}$$

findet man mit $b_1 = b_2 = b_3 = 0$

$$\begin{aligned} 1 \cdot y_1 &= b_1 \\ k_{21} \cdot y_1 + 1 \cdot y_2 &= b_2 \\ 0 \cdot y_1 + k_{32} \cdot y_2 + 1 \cdot y_3 &= b_3 \\ 0 \cdot y_1 + 0 \cdot y_2 + k_{43} \cdot y_3 + 1 \cdot y_4 &= b_4 \end{aligned}$$

bzw.

$$\begin{aligned} y_1 &= 0 \\ y_2 &= 0 \\ y_3 &= 0 \\ y_4 &= b_4 \end{aligned} \tag{6.79}$$

Mit diesen Werten kann nun die Gleichung $R \cdot x = y$ gelöst werden, für die in Hinblick auf das System (6.61) auch

$$R \cdot u = y \tag{6.80}$$

geschrieben werden kann.

Aus

$$\begin{vmatrix} a_{11} & a_{12} & a_{13} & a_{14} \\ 0 & \bar{a}_{22} & \bar{a}_{23} & \bar{a}_{24} \\ 0 & 0 & \bar{a}_{33} & \bar{a}_{34} \\ 0 & 0 & 0 & \bar{a}_{44} \end{vmatrix} \cdot \begin{vmatrix} u_2 \\ u_3 \\ u_4 \\ u_5 \end{vmatrix} = \begin{vmatrix} y_1 \\ y_2 \\ y_3 \\ y_4 \end{vmatrix}$$

folgt durch rückwärtiges Einsetzen

$$u_5 = \frac{b_4}{\bar{a}_{44}}, \tag{6.81}$$

$$u_4 = \frac{1}{\bar{a}_{33}} \cdot (-\bar{a}_{34} \cdot u_5), \tag{6.82}$$

$$u_3 = \frac{1}{\bar{a}_{22}} \cdot (-\bar{a}_{23} \cdot u_4 - \bar{a}_{24} \cdot u_5), \tag{6.83}$$

$$u_2 = \frac{1}{a_{11}} \cdot (-a_{12} \cdot u_3 - a_{13} \cdot u_4 - a_{14} \cdot u_5) \tag{6.84}$$

bzw.

$$\begin{aligned} u_5 &= 0{,}618 \\ u_4 &= 0{,}363 \\ u_3 &= 0{,}192 \\ u_2 &= 0{,}077 \end{aligned} \tag{6.85}$$

6.5.2.5 Gauß-Seidel-Iteration

Das Iterationsverfahren zur Lösung von linearen Gleichungssystemen wurde 1823 von Carl Friedrich Gauß erfunden und von seinem Kollegen, dem Mathematiker Philipp Ludewig Seidel, weiterentwickelt. Das Verfahren ist äußerst einfach, erfordert jedoch erheblichen Rechenaufwand. Man beginnt mit vorgegebenen Anfangswerten, die unter Benutzung der Rekursionsgleichungen kontinuierlich verbessert werden.

Die Anwendung des Verfahrens auf das Gleichungssystem der Couette-Strömung (6.47) erfordert, dass das System zunächst auf die Form

$$\begin{aligned} u_2 &= \frac{4{,}055}{10{,}105} \cdot u_3 \\ u_3 &= \frac{4{,}055}{6{,}773} \cdot u_2 + \frac{2{,}718}{6{,}773} \cdot u_4 \\ u_4 &= \frac{2{,}718}{4{,}540} \cdot u_3 + \frac{1.822}{4{,}540} \cdot u_5 \\ u_5 &= \frac{1{,}822}{3{,}044} \cdot u_4 + \frac{1{,}221}{3{,}044} \end{aligned} \tag{6.86}$$

bzw.

$$\begin{aligned} u_2 &= 0{,}401 \cdot u_3 \\ u_3 &= 0{,}599 \cdot u_2 + 0{,}401 \cdot u_4 \\ u_4 &= 0{,}599 \cdot u_3 + 0{,}401 \cdot u_5 \\ u_5 &= 0{,}599 \cdot u_4 + 0{,}401 \end{aligned} \tag{6.87}$$

gebracht wird.

Der Iterationsprozess startet mit vorgegebenen Werten für u_i, die mit $u_{i,alt}$ bezeichnet werden sollen. Setzt man diese Werte in das System (6.62) ein, so können die Werte $u_{i,neu}$ berechnet werden, die im nächsten Iterationsschritt wieder als $u_{i,alt}$ vorgegeben werden.

Die Ergebnisse für das Gleichungssystem (6.62) sind in Tab. 6.2 angegeben. Der Iterationsprozess wurde hier mit einer linearen Geschwindigkeitsverteilung gestartet.

Es zeigt sich, dass die Konvergenz des Iterationsprozesses sehr langsam erfolgt. Die Ergebnisse des Algorithmus mit der Tridiagonalmatrix werden erst etwa mit dem 14. Iterationsschritt erreicht. Die Konvergenz des Verfahrens kann beschleunigt werden, wenn die Änderungen der gesuchten Variablen mit einer geeigneten Berechnungsvorschrift entweder vergrößert oder verkleinert werden. Man kann z. B. die Werte u_i für den nächsten Iterationsschritt aus

$$u_i = \lambda \cdot u_{i,neu} + (1 - \lambda) \cdot u_{i,alt} \tag{6.88}$$

ermitteln. Darin bezeichnet λ einen Relaxationskoeffizienten. Liegt der Wert für λ zwischen 0 und 1, so handelt es sich um eine Unterrelaxation, liegt er dagegen zwischen 1 und 2 um eine Überrelaxation. Der geeignetste λ-Wert ist allerdings a priori

Tab. 6.2 Ermittlung der Geschwindigkeitswerte u_i mit der Gauß-Seidel-Iteration

Anzahl der Iterationen						
i	0	1	2	3	13	14
1	0	0	0	0	0	0
2	0,2	0,161	0,135	0,117	0,077	0,077
3	0,4	0,337	0,291	0,255	0,192	0,192
4	0,6	0,523	0,461	0,424	0,364	0,363
5	0,8	0,714	0,677	0,655	0,619	0,619
6	1,0	1,0	1,0	1,0	1,0	1,0

Tab. 6.3 Ermittlung der Geschwindigkeitswerte u_i mit Relaxation ($\lambda = 1,5$)

Anzahl der Iterationen						
i	0	1	2	3	7	8
1	0	0	0	0	0	0
2	0,2	0,161	0,123	0,100	0,078	0,077
3	0,4	0,337	0,268	0,221	0,193	0,192
4	0,6	0,523	0,430	0,394	0,364	0,363
5	0,8	0,714	0,658	0,637	0,619	0,619
6	1,0	1,0	1,0	1,0	1,0	1,0

nicht bekannt und kann nur durch Probieren bestimmt werden. Wenn man jedoch einen guten Wert für λ gefunden hat, erreicht man die richtige Lösung wesentlich schneller. Die Berechnungsweise wird auch als SOR-Verfahren bezeichnet (engl.: successive over relaxation).

In Tab. 6.3 sind für $\lambda = 1{,}5$ die Ergebnisse für das System (6.62) zusammengestellt.

6.5.3 Vergleich der exakten Lösung mit den numerischen Ergebnissen

In den vorangegangenen Abschnitten wurde die in Abschn. 6.5 auf der Grundlage der Finite-Differenzen-Methode entwickelte Gl. (6.33) für die Couette-Strömung mit veränderlicher Viskosität η

$$\frac{d}{dy}\left(e^{2\cdot\left(1-\frac{y}{h}\right)}\cdot\frac{du}{dy}\right) = 0 \tag{6.89}$$

mit verschiedenen Methoden gelöst. Für diese Gleichung kann auch eine analytische Lösung gefunden werden, die für die dimensionslose Geschwindigkeit u lautet (Robertson und Crow 2003):

$$u = \frac{e^{\left(2\cdot\frac{y}{h}\right)} - 1}{e^2 - 1}. \tag{6.90}$$

Daraus ergeben sich die in Tab. 6.4 angegebenen Ergebnisse.

Tab. 6.4 Ergebnisse der analytischen Lösung

y/h	*U*
0	0
0,2	0,077
0,4	0,192
0,6	0,363
0,8	0,619
1	1

Ein Vergleich dieser Ergebnisse mit den Ergebnissen der numerischen Berechnung zeigt eine sehr gute Übereinstimmung. Daraus wird deutlich, dass die vorgestellten numerischen Methoden trotz der Näherungen bei der Formulierung der endlichen Differenzen genügend genaue Ergebnisse liefern.

6.6 Beispiel 2: Numerische Lösung der Laplace-Gleichung

6.6.1 Finite-Differenzen-Formulierung

Wie in Abschn. 2.4 dargestellt, wird eine reibungsfreie zweidimensionale Strömung vollständig durch die Laplace-Gleichung beschrieben. Mit der Stromfunktion Ψ als Variable lautet sie

$$\frac{\partial^2\Psi}{\partial x^2}+\frac{\partial^2\Psi}{\partial y^2}=0.$$

Für die Finite-Differenzen-Formulierung dieser Gleichung wird ein ebenes Netz mit den Knoten i, j betrachtet:

Mit den Bezeichnungen aus Abb. 6.8 folgt für die zweite Ableitung der Stromfunktion nach x aus Gl. (6.15)

$$\frac{\partial^2\Psi}{\partial x^2}=\frac{\Psi_{i+1,j}+\Psi_{i-1,j}-2\cdot\Psi_{i,j}}{\Delta x^2}. \tag{6.91}$$

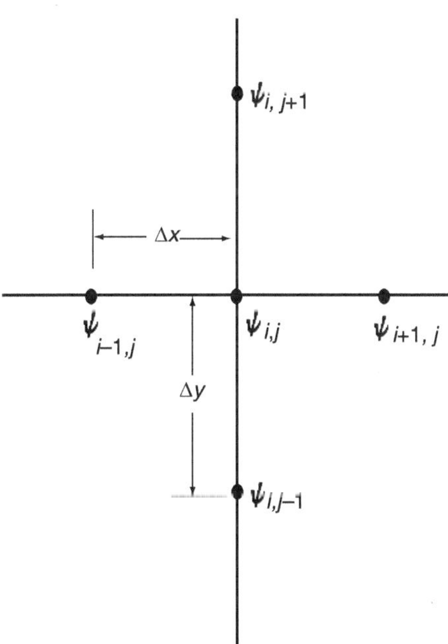

Abb. 6.8 Knoten des Gitternetzes

Für die zweite Ableitung nach y erhält man

$$\frac{\partial^2 \Psi}{\partial y^2} = \frac{\Psi_{i,j+1} + \Psi_{i,j-1} - 2 \cdot \Psi_{i,j}}{\Delta y^2}. \tag{6.92}$$

Addiert man beide Gleichungen und setzt die Summe gleich null, so erhält man eine Finite-Differenzen-Formulierung für die Laplace-Gleichung in der Form

$$(\Psi_{i+1,j} + \Psi_{i-1,j}) \cdot \Delta y^2 + (\Psi_{i,j+1} + \Psi_{i,j-1}) \cdot \Delta x^2 - 2 \cdot (\Delta x^2 + \Delta y^2) \cdot \Psi_{i,j} = 0. \tag{6.93}$$

Für gleichförmige Abstände der Netzpunkte ($\Delta x = \Delta y$) vereinfacht sich diese Beziehung zu

$$\Psi_{i+1,j} + \Psi_{i-1,j} + \Psi_{i,j+1} + \Psi_{i,j-1} = 4 \cdot \Psi_{i,j}. \tag{6.94}$$

Aus dieser Gleichung folgt, dass sich der Wert der Stromfunktion Ψ an einem Netzpunkt als Summe der Ψ-Werte aller benachbarten Punkte ergibt und dass die Summe der Koeffizienten der Stromfunktion aller benachbarten Punkte (im vorliegenden Fall sind alle Koeffizienten gleich 1) gleich dem Koeffizienten der Stromfunktion am betrachteten Punkt ist. Diese Bedingung gilt auch für ungleichförmige Abstände der Netzpunkte.

Für die mit Gitternetzpunkten bedeckte Strömungsebene sind an den Randbereichen spezielle Randbedingungen zu formulieren:

Die Begrenzungen in Fließrichtung werden i. Allg. durch Randstromlinien gebildet, die aber nicht notwendigerweise durch Gitterpunkte verlaufen müssen. Für einen Gitterpunkt, der sich z. B. in x-Richtung im Abstand $\Delta x \cdot a$ vom Rand und in y-Richtung $\Delta y \cdot b$ vom Rand befindet (vgl. Abb. 6.9), kann auf der Grundlage der Gl. (6.29) für ungleichmäßige Netzpunktabstände der Ψ-Wert aus folgender Beziehung ermittelt werden:

$$\Psi_{i,j} = \frac{a \cdot b \cdot \Delta x^2 \cdot \Delta y^2}{a \cdot \Delta x^2 + b \cdot \Delta y^2} \cdot \left(\frac{\Psi_E + a \cdot \Psi_W}{a \cdot (1+a) \cdot \Delta x^2} + \frac{\Psi_N + b \cdot \Psi_S}{b \cdot (1+b) \cdot \Delta y^2} \right). \tag{6.95}$$

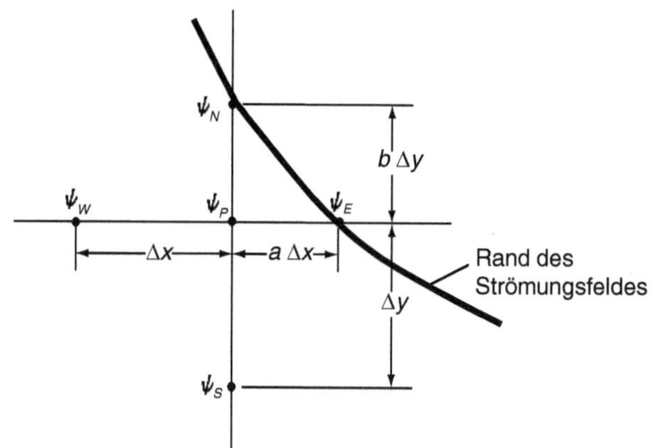

Abb. 6.9 Netzpunkt in der Nähe der Randstromlinie

Für den Fall, dass gleichmäßige Abstände der Netzpunkte in x- und y-Richtung vorliegen, vereinfacht sich auch diese Beziehung mit

$$\Delta x = \Delta y = \Delta l$$

zu

$$\Psi_{i,j} = \frac{a \cdot b}{a+b} \cdot \left(\frac{\Psi_E + a \cdot \Psi_W}{a \cdot (1+a)} + \frac{\Psi_N + b \cdot \Psi_S}{b \cdot (1+b)} \right). \tag{6.96}$$

Als Randbedingung im Eintrittsquerschnitt ($i = 0$) kann eine gleichförmige Geschwindigkeit als Parallelströmung vorgegeben werden. Dafür gilt

$$\frac{\partial \Psi}{\partial y} = v_x$$

bzw.

$$\Psi_{0,j} = v_x \cdot y + const. \tag{6.97}$$

Wenn im Austrittsquerschnitt ($i = i_{Max}$) ebenfalls von einer Parallelströmung ausgegangen werden kann, so folgt aus

$$\frac{\partial \Psi}{\partial x} = -v_y = 0 \tag{6.98}$$

$$\Psi_{iMax,j} = \Psi_{iMax-1,j}. \tag{6.99}$$

Für alle Netzpunkte auf der Linie ($i = iMax - 1$) gilt somit

$$\Psi_{iMax,j} + \Psi_{iMax-2,j} + \Psi_{iMax-1,j+1} + \Psi_{iMax-1,j-1} = 4 \cdot \Psi_{iMax-1,j} \tag{6.100}$$

und unter Beachtung von Gl. (6.99)

$$\Psi_{iMax-2,j} + \Psi_{iMax-1,j+1} + \Psi_{iMax-1,j-1} = 3 \cdot \Psi_{iMax-1,j}. \tag{6.101}$$

6.6.2 Diskretisierung

Als Beispiel soll eine horizontale zweidimensionale Strömung durch eine Einschnürung betrachtet werden (vgl. Abb. 6.10).

Der Eintrittsquerschnitt der Strömung bei $i = 0$ sei 1 m breit. Nach einem Fließweg von 0,75 m beginnt die Einschnürung, die von Kreisbögen (Radius = 0,25 m) gebildet wird, damit möglichst keine Ablösungswirbel auftreten. Nach einer Fließlänge von 1,25 m wird der Strömungskanal wieder von parallelen Seitenwänden begren zt. Der Austrittsquerschnitt wird dann nach einem Fließweg von 2,45 m erreicht. Zur Kennzeichnung der Geschwindigkeitskomponenten soll die positive i-Richtung gleich der positiven x-Richtung und die positive j-Richtung gleich der positiven y-Richtung sein.

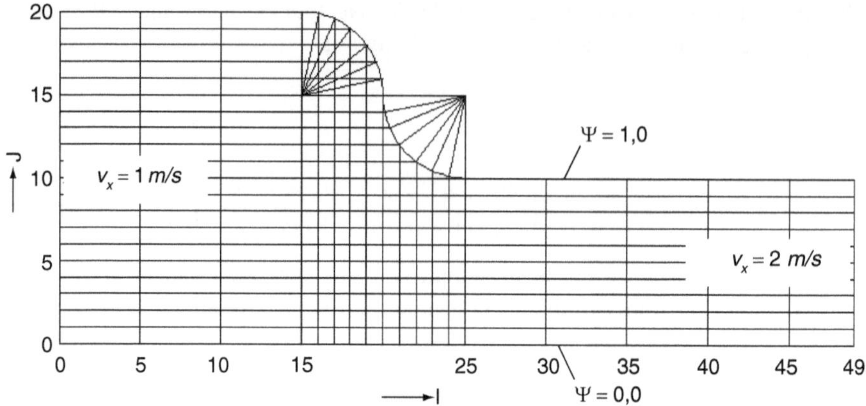

Abb. 6.10 Diskretisierung der Strömungsebene

Der Einfachheit halber wird ein Netz mit gleichmäßigen Abständen gewählt, das in Strömungsrichtung (i-Richtung) aus 50 Netzlinien und senkrecht zur Strömungsrichtung (j-Richtung) aus 21 Netzlinien gebildet wird. Der horizontale und vertikale Abstand der Netzpunkte beträgt somit 5 cm.

Die Stromfunktion wird – in Fließrichtung gesehen – am rechten Rand (Randstromlinie) null gesetzt.

$$\Psi_{i,0} = 0$$

Am linken Rand, der ebenfalls eine Randstromlinie darstellt, soll der Wert von $\Psi = 1{,}0$ betragen.

Als Randbedingung wird am Eintrittsquerschnitt ($i = 0$) eine gleichförmige Geschwindigkeit von $v_x = 1{,}0\ \mathrm{m/s}$ vorgegeben; d. h., dass

$$\frac{\partial \Psi}{\partial y} = v_x = 1.0 \tag{6.102}$$

ist.

Für die Netzlinie $i = 0$ gilt somit

$$\Psi = y + const. \tag{6.103}$$

bzw. mit

$$\Psi_{0,0} = 0 \tag{6.104}$$

erhält man

$$\Psi_{0,j} = y. \tag{6.105}$$

Als Randbedingung für den Austrittsquerschnitt ($i = 49$) folgt aus Gl. (6.99)

$$\Psi_{49,j} = \Psi_{48,j} \tag{6.106}$$

und aus Gl. (6.101)

$$\Psi_{47,j} + \Psi_{48,j+1} + \Psi_{48,j-1} = 3 \cdot \Psi_{48,j}. \tag{6.107}$$

6.6.3 *Numerische Lösung*

Die unbekannten Ψ-Werte an den Netzpunkten der Strömungsebene lassen sich z. B. mit der Gauss-Seidel-Iteration lösen. Dabei werden für eine horizontale Durchströmung im Eintrittsquerschnitt und für die Randstromlinien (untere und obere Begrenzung der Strömungsebene in Abb. 6.12) Ψ-Werte vorgegeben, während an allen anderen Netzknoten die Ψ-Werte zunächst gleich null gesetzt werden.

Den Ψ-Werten der oberen Randstromlinie können z. B. die Werte 1,0 und denen der unteren Randstromlinie die Werte 0,0 zugewiesen werden. Die Ψ-Werte der Netzknoten des Eintrittsquerschnittes ergeben sich aus Gl. (6.97).

Durch wiederholtes Lösen der Gl. (6.100) für die inneren Netzpunkte, der Gl. (6.101) für die Randpunkte des Austrittsquerschnittes bzw. der Gl. (6.95) in dem Bereich, wo die obere Begrenzung der Strömungsebene nicht durch die Gitterpunkte verläuft und die Abstände „a“ und „b“ von den Gitterpunkten bis zum Rand bestimmt werden müssen (vgl. Abb. 6.11), verändern sich die Ψ-Werte an den einzelnen Netzpunkten, da bei jedem neuen Schritt der Iteration die Ψ-Werte des vorangegangenen Schrittes zugrunde gelegt werden. Die Iteration kann durch eine Bedingung

$$|\Psi_{neu} - \Psi_{alt}| \leq \varepsilon \tag{6.108}$$

beendet werden. Mit dem Wert ε kann die zu erreichende Genauigkeit festgelegt werden. Im betrachteten Beispiel wurde der $\varepsilon = 10^{-6}$ gesetzt.

In dem beigefügten Programm „Laplace“ kann die iterative Lösung des Beispiels 2 sowie die Ermittlung der Stromlinien und der Druckkoeffizienten verfolgt werden (vgl. auch Kap. 10).

6.6.3.1 Ermittlung der Stromlinien

In den Tabellen des Anhanges 3/1 und 3/2 sind die im Programm „Laplace“ ermittelten Ψ-Werte für die horizontale Strömung nach 343 Iterationen zusammengestellt. Durch eine geeignete Interpolationsmethode kann nun in der Strömungsebene der Verlauf von Linien konstanter Ψ-Werte (Stromlinien) dargestellt werden (vgl. Abb. 6.12 und Anhang 4).

Man erkennt, dass sich im Bereich der gekrümmten Seitenwand vor der Einengung die Abstände zwischen den Stromlinien zunächst erweitern, aber unmittelbar in der Einengung dann enger werden. Da – wie in Abschn. 2.4 dargestellt – der Durchfluss zwischen zwei Stromlinien immer gleich bleibt, muss sich die Geschwindigkeit der Strömung verändern. Sie erreicht demzufolge unmittelbar im oberen Bereich vor der Einengung die größten Werte.

6.6.3.2 Ermittlung der dimensionslosen Druckkoeffizienten

Für die betrachtete horizontale zweidimensionale Strömung in einem Spalt kann mit der Bernoulli-Gleichung der Druck in einzelnen Punkten der Strömungsebene

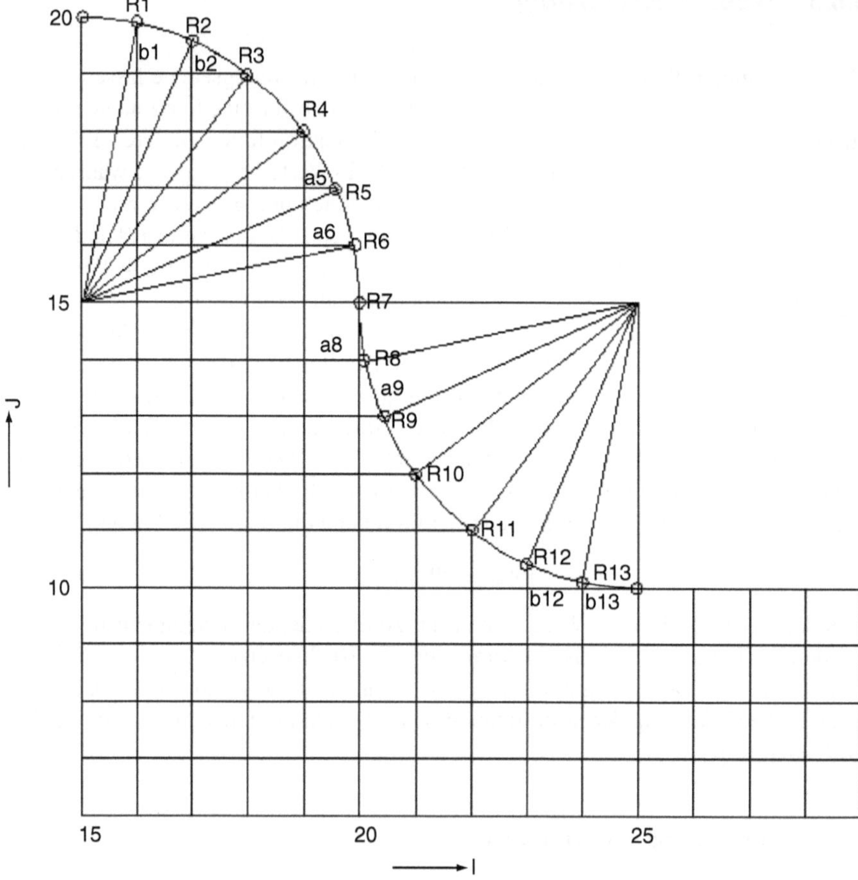

Abstände der Randpunkte:

a5 = 0,5826	b1 = 0,8890
a6 = 0,8890	b2 = 0,5826
a8 = 0,1010	b12 = 0,4174
a9 = 0,4174	b13 = 0,1010

Abb. 6.11 Randpunkte im gekrümmten Bereich der oberen Strömungsbegrenzung

bestimmt werden, wenn der Druck p_0 (z. B. Atmosphärendruck) und die Geschwindigkeit v_0 an den Knoten des Eintrittsquerschnittes und die örtliche Geschwindigkeit v bekannt sind. Man erhält

$$p - p_0 = \frac{\rho}{2} \cdot (v_0^2 - v^2). \tag{6.109}$$

Die Division der Gleichung durch $\rho \cdot g$ liefert die Druckhöhen

$$h - h_0 = \frac{v_0^2}{2 \cdot g} - \frac{v^2}{2 \cdot g}. \tag{6.110}$$

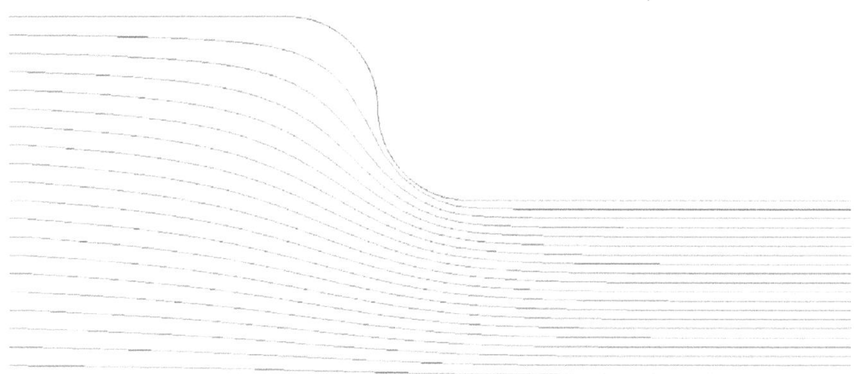

Abb. 6.12 Stromlinien für die horizontale Strömung

Dividiert man diese Beziehung noch durch $\frac{v_0^2}{2 \cdot g}$, so erhält man den bekannten Druckkoeffizienten in der Form

$$C_p = \frac{h - h_0}{\frac{v_0^2}{2 \cdot g}} = 1 - \left(\frac{v}{v_0}\right)^2. \tag{6.111}$$

Im Bereich der linken (oberen) geradlinigen Strömungsbegrenzung kann die örtliche Geschwindigkeit v in den Randpunkten aus

$$v = \frac{\Psi_R - \Psi_{i,j\max-1}}{\Delta l} \tag{6.112}$$

bestimmt werden. Darin bezeichnet Ψ_R den Randwert von 1,0 und Δlden Gitterabstand in j-Richtung. Im Bereich der rechten (unteren) Strömungsbegrenzung erhält man

$$v = \frac{\Psi_{i,1} - \Psi_R}{\Delta l} \tag{6.113}$$

mit $\Psi_R = 0$.

In dem Bereich der gekrümmten linken Strömungsbegrenzung zwischen den Werten $i = 15$ und $i = 25$ sind allerdings bei der Bestimmung der örtlichen Geschwindigkeiten in den Randpunkten R (vgl. Abb. 6.13) die horizontalen und vertikalen Geschwindigkeitskomponenten zu berücksichtigen.

Die größte örtliche Geschwindigkeit im Knoten R_{12} kann z. B. wie folgt bestimmt werden:

Für den Schnittpunkt einer horizontalen Linie durch R_{12} mit der senkrechten Gitterlinie durch R_{11} erhält man einen Zwischenwert

$$\Psi_z = \Psi_{22,10} + (\Psi_R - \Psi_{22,10}) \cdot b_{12} \tag{6.114}$$

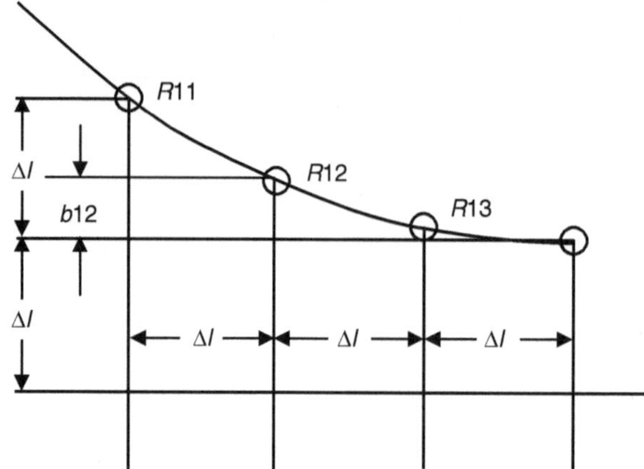

Abb. 6.13 Gitternetzausschnitt mit Randknoten

und damit ergibt sich

$$v_{R12}^2 = \left[\frac{(\Psi_R - \Psi_{23,10})}{b_{12} \cdot \Delta l}\right]^2 + \left[\frac{(\Psi_R - \Psi_z)}{\Delta l}\right]^2. \tag{6.115}$$

Für den dimensionslosen Druckkoeffizienten ergibt sich schließlich

$$C_{p12} = 1 - v_{R12}^2, \tag{6.116}$$

$$C_{p12} = -6{,}31.$$

Mit der normalen Luftdruckhöhe von $h_0 = 10{,}33$ mWS folgt für die örtliche Druckhöhe

$$h = C_{p12} \cdot \frac{v_{x0}^2}{2 \cdot g} + h_0, \tag{6.117}$$

$$h = 10{,}01 \text{ mWS}.$$

Im Anhang A5 sind die ermittelten Cp-Werte für die rechte und linke Begrenzung der horizontalen Strömung zusammengestellt. Abbildung 6.14 zeigt ihren Verlauf.

6.6.3.3 Ermittlung der Potenziallinien

Durch die zusätzliche Ermittlung der Potenziallinien könnte zusammen mit den Stromlinien in Abb. 6.14 das vollständige hydrodynamische Netz ermittelt werden. Das kann näherungsweise erfolgen, indem in Abb. 6.14 die Potenziallinien mit der Hand eingezeichnet werden. Dabei ist zu beachten, dass die Potenziallinien die Stromlinien immer mit einem Winkel von 90° schneiden.

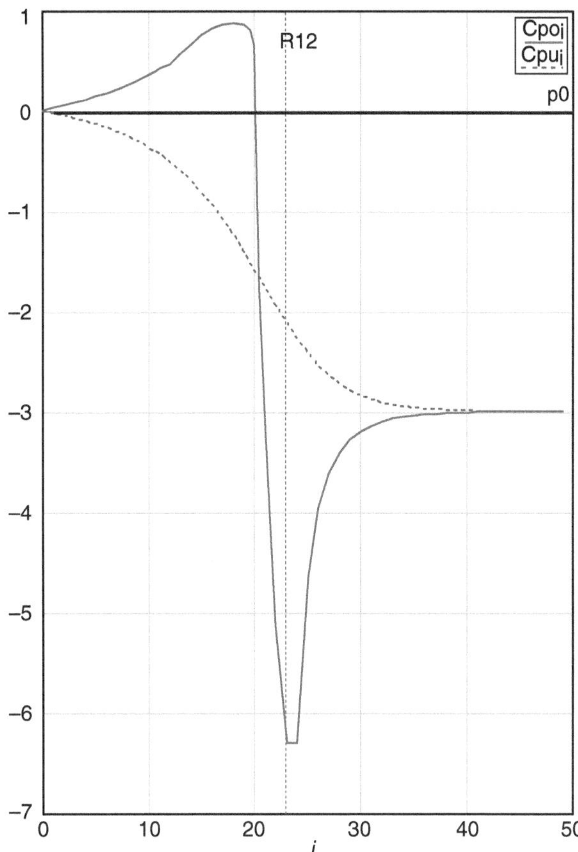

Abb. 6.14 Verlauf der Cp-Werte in x-Richtung (i-Richtung). *Cpo* Werte am linken (*oberen*) Rand der Strömungsebene. *Cpu* Werte am rechten (*unteren*) Rand der Strömungsebene

Aus Sicht der Numerik könnte zwar die Laplace-Gleichung mit der Potenzialfunktion Φ in der Form

$$\frac{\partial^2\Phi}{\partial x^2} + \frac{\partial^2\Phi}{\partial y^2} = 0 \qquad (6.118)$$

herangezogen werden. Im Eintrittsquerschnitt würde z. B. die Randbedingung $\Phi = 1$ und im Austrittsquerschnitt die Randbedingung $\Phi = 0$ zur Verfügung stehen. Allerdings wären die Randbedingungen am linken und rechten Rand der Strömungsebene unbekannt. An diesen Rändern ist nur bekannt, dass die Potenziallinien mit der Randkontur einen rechten Winkel bilden.

6.7 Zweidimensionale viskose Strömungen

Wie in Abschn. 2.5 dargestellt, kann die zweidimensionale viskose Strömung mit der Gleichung für die z-Komponente des Vektors der Wirbelintensität Ω_z

$$v_x \cdot \frac{\partial \Omega_z}{\partial x} + v_y \cdot \frac{\partial \Omega_z}{\partial y} = \nu \cdot \left(\frac{\partial^2 \Omega_z}{\partial x^2} + \frac{\partial^2 \Omega_z}{\partial y^2} \right) \tag{6.119}$$

und der Gleichung für die Stromfunktion Ψ

$$\frac{\partial^2 \Psi}{\partial x^2} + \frac{\partial^2 \Psi}{\partial y^2} = -\Omega_z \tag{6.120}$$

beschrieben werden. Beide Gleichungen sind voneinander unabhängig und müssen demzufolge für ein konkretes Strömungsfeld gelöst werden. Dafür können sie z. B. in einer Finite-Differenzen-Form formuliert und die komplexen Variablen Ω_z und Ψ an jedem Gitterpunkt bestimmt werden.

Für die Lösung müssen für beide Gleichungen Anfangswerte vorgegeben werden. Es wird dann zuerst die Stromfunktion gelöst und aus den Ergebnissen das Geschwindigkeitsfeld ermittelt. Die Geschwindigkeitskomponenten v_x und v_y werden dann in die Finite-Differenzen-Gleichung für die Wirbelintensität Ω_z eingesetzt, um den Wert Ω_z an jedem Knoten zu bestimmen. Dann wird wieder die Gleichung für die Stromfunktion mit den neuen Werten der Wirbelintensität gelöst. Der Lösungsalgorithmus wird solange wiederholt, bis die Konvergenz erreicht ist.

6.7.1 Finite-Differenzen-Formulierungen für den Vektor der Wirbelintensität

Bei der Finite-Differenzen-Formulierung des Wirbelintensitätsvektors ist eine Besonderheit zu beachten, die im Folgenden anhand der Gleichung für die eindimensionale viskose Strömung dargestellt werden soll.

Die Gleichung für die eindimensionale Strömung ergibt sich z. B. aus Gl. (2.80) in der Form

$$v_x \cdot \frac{\partial \Omega}{\partial x} = \nu \cdot \frac{\partial^2 \Omega}{\partial x^2}, \tag{6.121}$$

wenn vereinfachend $\Omega_z = \Omega$ gesetzt wird. Die linke Seite der Gleichung beschreibt den Transport der Wirbelintensität durch die Konvektion und die rechte Seite den Transport durch die Diffusion. Unter Anwendung der zentralen Differenzen erhält man folgende Finite-Differenzen-Gleichung

$$v_x \cdot \left(\frac{\Omega_{i+1} - \Omega_{i-1}}{2 \cdot \Delta x} \right) = \nu \cdot \left(\frac{\Omega_{i+1} + \Omega_{i-1} - 2 \cdot \Omega_i}{\Delta x^2} \right). \tag{6.122}$$

Die Auflösung dieser Gleichung nach Ω_i führt zu

$$\Omega_i = \left(\frac{1}{2} - \frac{1}{4} \cdot \frac{v_x \cdot \Delta x}{\nu}\right) \cdot \Omega_{i+1} + \left(\frac{1}{2} + \frac{1}{4} \cdot \frac{v_x \cdot \Delta x}{\nu}\right) \cdot \Omega_{i-1}. \tag{6.123}$$

Darin bezeichnet der Ausdruck $\frac{v_x \cdot \Delta x}{\nu}$ eigentlich eine Reynolds-Zahl, die die Strömung in dem Element i charakterisiert und mit Re_i bezeichnet werden soll. Sie kann in Abhängigkeit vom Vorzeichen (Richtung) der Geschwindigkeit v_x negative und positive Werte annehmen. Es ist leicht zu erkennen, dass für

$$\mathrm{Re}_i \leq -2{,}0 \quad \text{und} \quad \mathrm{Re}_i \geq 2{,}0 \tag{6.124}$$

die beiden Summanden in Gl. (6.123) divergieren (ein Summand ist positiv und der andere negativ), so dass bei der Bestimmung von Ω_i eine Instabilität entsteht, die nur verhindert werden kann, wenn

$$|\mathrm{Re}_i| \leq 2{,}0 \tag{6.125}$$

ist. Diese Restriktion führt jedoch zu einer unakzeptablen numerischen Bedingung, da aus Gl. (6.123) für den Knotenabstand folgt:

$$\Delta x \leq \frac{2 \cdot \nu}{v_x}. \tag{6.126}$$

Man erhält aus dieser Bedingung z. B. für Wasser von 10 °C und $\nu = 1{,}36\,\mathrm{m^2/s}$ und Geschwindigkeiten zwischen 1 und 10 m/s für Δx Werte zwischen 10^{-6} und 10^{-7} m. Diese Bedingung stoppte daher die Entwicklung der Numerik für einige Jahre, da Computer mit den erforderlichen großen Speicherkapazitäten nicht zur Verfügung standen. Erst mit der sog. Upwind (Gegenwind)-Differenzierung konnte die Begrenzung von Δx durch Re_i überwunden werden. Man benutzt dabei für positive und negative Geschwindigkeiten unterschiedliche Differenzen-Formulierungen:

Für positive Geschwindigkeiten setzt man

$$v_x \cdot \frac{\partial \Omega}{\partial x} = v_x \cdot \left(\frac{\Omega_i - \Omega_{i-1}}{\Delta x}\right) \tag{6.127}$$

und für negative Geschwindigkeiten

$$v_x \cdot \frac{\partial \Omega}{\partial x} = v_x \cdot \left(\frac{\Omega_{i+1} - \Omega_i}{\Delta x}\right). \tag{6.128}$$

Damit erhält man für positive Geschwindigkeitswerte aus Gl. (6.127)

$$v_x \cdot \left(\frac{\Omega_i - \Omega_{i-1}}{\Delta x}\right) - \nu \cdot \left(\frac{\Omega_{i-1} + \Omega_{i+1} - 2 \cdot \Omega_i}{\Delta x^2}\right) \tag{6.129}$$

bzw. nach einigen Umformungen

$$\left(1 + \frac{\Delta x \cdot v_x}{2 \cdot \nu}\right) \cdot \Omega_i = \frac{\Omega_{i+1}}{2} + \left(\frac{1}{2} + \frac{\Delta x \cdot v_x}{2 \cdot \nu}\right) \cdot \Omega_{i-1}. \tag{6.130}$$

Man erkennt, dass für positive Werte von v_x alle Koeffizienten von Ω ebenfalls positiv sind.

Für negative Geschwindigkeiten findet man aus

$$v_x \cdot \left(\frac{\Omega_{i+1} - \Omega_i}{\Delta x}\right) = \nu \cdot \left(\frac{\Omega_{i-1} + \Omega_{i+1} - 2 \cdot \Omega_i}{\Delta x^2}\right) \tag{6.131}$$

die Beziehung

$$\left(1 - \frac{\Delta x \cdot v_x}{2 \cdot \nu}\right) \cdot \Omega_i = \frac{\Omega_{i-1}}{2} + \left(\frac{1}{2} - \frac{\Delta x \cdot v_x}{2 \cdot \nu}\right) \cdot \Omega_{i+1}. \tag{6.132}$$

Für alle negativen Werte sind hier auch alle Koeffizienten von Ω positiv.

Der Preis für die numerische Stabilität ist allerdings, dass bei den Differenzen nur noch eine Genauigkeit erster Ordnung vorliegt und dass nicht mehr mit der korrekten Viskosität gerechnet wird. Dieser Sachverhalt soll in den folgenden Entwicklungen verdeutlicht werden:

Es wird dabei von der Taylor-Reihe für Ω_{i-1} ausgegangen (vgl. Gl. (6.11)):

$$\Omega_{i-1} = \Omega_i - \frac{\partial \Omega}{\partial x} \cdot \Delta x + \frac{\partial^2 \Omega}{\partial x^2} \cdot \frac{\Delta x^2}{2} + \cdots \tag{6.133}$$

Daraus folgt

$$\frac{\Omega_i - \Omega_{i-1}}{\Delta x} = \frac{\partial \Omega}{\partial x} - \frac{\partial^2 \Omega}{\partial x^2} \cdot \frac{\Delta x}{2} \tag{6.134}$$

bzw. durch die Multiplikation mit v_x erhält man für die rechte Seite der Gl. (6.134)

$$v_x \cdot \left(\frac{\Omega_i - \Omega_{i-1}}{\Delta x}\right) = v_x \cdot \frac{\partial \Omega}{\partial x} - v_x \cdot \frac{\partial^2 \Omega}{\partial x^2} \cdot \frac{\Delta x}{2}. \tag{6.135}$$

Unter Beachtung von Gl. (6.121) ergibt sich weiter

$$v_x \cdot \frac{\partial \Omega}{\partial x} - v_x \cdot \frac{\partial^2 \Omega}{\partial x^2} \cdot \frac{\Delta x}{2} = \nu \cdot \frac{\partial^2 \Omega}{\partial x^2} \tag{6.136}$$

bzw.

$$v_x \cdot \frac{\partial \Omega}{\partial x} = \left(\nu + v_x \cdot \frac{\Delta x}{2}\right) \cdot \frac{\partial^2 \Omega}{\partial x^2}. \tag{6.137}$$

Ein Vergleich mit der Gl. (6.121) zeigt, dass bei dem Upwind-Verfahren mit einer kinematischen Viskosität gerechnet wird, die um den Betrag $v_x \cdot \frac{\Delta x}{2}$ zu groß ist. Der aufgezeigte Sachverhalt ist somit ein generelles Problem der numerischen Strömungssimulation.

6.7.2 Druck-Geschwindigkeits-Formulierungen für die viskose Strömung

Die Untersuchung von Strömungsfeldern mit Stromfunktionen und Vektoren der Wirbelintensität haben den Nachteil, dass die Ergebnisse nicht so anschaulich wie Drücke und Geschwindigkeiten sind und diese Werte erst aus den komplexen Variablen ermittelt werden müssen. Von den Ingenieuren werden daher i. Allg. Formulierungen mit diesen „primitiven" Variablen bevorzugt.

Bei den Finite-Differenzen-Formulierungen mit den Variablen Druck und Geschwindigkeit tritt jedoch ein Problem auf, das bei der Anwendung von zentralen Differenzen deutlich wird. Wenn z. B. in der Differenzen-Gleichung die Ausdrücke

$$\left(\frac{v_{i+1} - v_{i-1}}{2 \cdot \Delta x}\right) \quad \text{und} \quad \left(\frac{p_{i-1} - p_{i+1}}{2 \cdot \Delta x}\right)$$

auftreten, wird der Zusammenhang von Druck und Geschwindigkeit am Knoten i nicht definiert. Dieser Mangel kann durch die Anwendung eines „versetzten" Gitters behoben werden, bei dem die Geschwindigkeitsknoten gegenüber den Druckknoten um $\frac{\Delta x}{2}$ versetzt sind. Dadurch befindet sich immer zwischen zwei Druckknoten ein Geschwindigkeitsknoten. Eine Veränderung des Druckgradienten zwischen zwei Knoten führt somit immer auch zu einer Geschwindigkeitsveränderung.

6.7.3 Eindimensionale viskose Strömung in einem Strömungskanal mit veränderlichem Querschnitt

Ein numerisches Modell mit den Variablen Druck und Geschwindigkeit erfordert – wie bereits dargestellt – ein versetztes Gitter, bei dem die Geschwindigkeitsknoten jeweils zwischen den Druckknoten liegen. Außerdem ist es erforderlich, für die Erhaltungssätze (Masse und Impuls) unterschiedliche Kontrollvolumina zu betrachten, die für einen Knoten „i" entweder dem Geschwindigkeits- oder dem Druckknoten zugeordnet werden (Abb. 6.15).

Mit den Bezeichnungen in Abb. 6.15 erhält man z. B. für das Kontrollvolumen des Geschwindigkeitsknotens i die Kontinuitätsgleichung in der Form

$$v_i \cdot A_i - v_{i+1} \cdot A_{i+1} = 0. \tag{6.138}$$

Darin bezeichnen A_i die Querschnittsfläche und v_i die Geschwindigkeit am Geschwindigkeitsknoten i.

Um die erforderliche Beziehung zwischen den Druck- und Geschwindigkeitsvariablen herzustellen, wird die Impulsgleichung für das Kontrollvolumen zwischen den Druckknoten i und $i + 1$ folgendermaßen angesetzt:

$$\rho \cdot Q \cdot v_{i+1} - \rho \cdot Q \cdot v_i = A_{i+1} \cdot (p_i - p_{i+1}) - \tau \cdot \Delta x \cdot U_{i+1}. \tag{6.139}$$

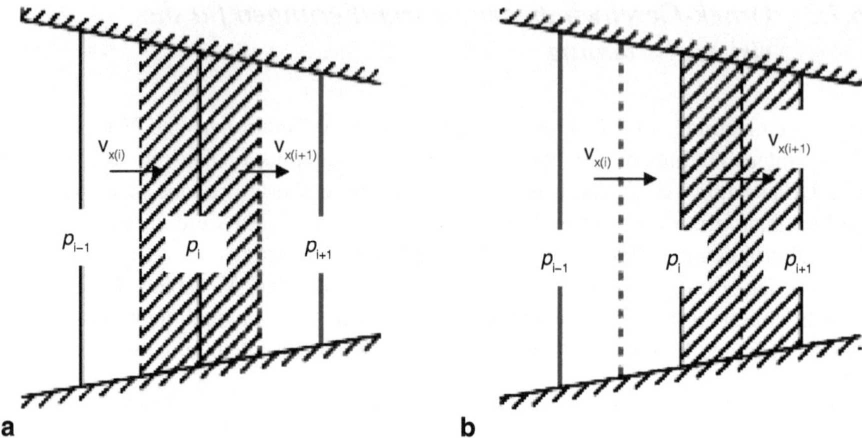

Abb. 6.15 Kontrollvolumen. **a** für den Geschwindigkeitsknoten und **b** für den Druckknoten

Man erkennt, dass in Gl. (6.139) die Geschwindigkeiten für die Impulskräfte vom Kontrollvolumen für die Massenerhaltung und die Druck- und Schubkräfte vom Kontrollvolumen für die Impulserhaltung des Knotens i angesetzt werden. Die Kraft $p \cdot A_{i+1}$ (anstelle von $p_i \cdot A_i$) berücksichtigt die Wandreaktionen zwischen den Knoten i und $i+1$. Für die Schubspannungτ in Gl. (6.139) folgt:

$$\tau = \frac{\lambda}{8} \cdot \rho \cdot v_{i+1}^2. \tag{6.140}$$

Die Auflösung von Gl. (6.139) nach v_{i+1} liefert damit

$$v_{i+1} = v_i - \frac{A_{i+1} \cdot p_{i+1}}{\rho \cdot Q} + \frac{A_{i+1} \cdot p_i}{\rho \cdot Q} - \frac{\lambda_{i+1}}{8} \cdot v_{i+1} \cdot \frac{\Delta x}{r_{hy,i+1}} \tag{6.141}$$

bzw.

$$v_{i+1} \cdot \left(1 + \frac{\lambda_{i+1}}{8} \cdot \frac{\Delta x}{r_{hy,i+1}}\right) = v_i + \frac{A_{i+1}}{\rho \cdot Q} \cdot (p_i - p_{i+1}). \tag{6.142}$$

Setzt man

$$F_{i+1} = 1 + \frac{\lambda_{i+1}}{8} \cdot \frac{\Delta x}{r_{hy,i+1}}, \tag{6.143}$$

so erhält man schließlich für v_{i+1} eine Rekursionsformel:

$$v_{i+1} = \frac{v_i + \frac{A_{i+1}}{\rho \cdot Q} \cdot (p_i - p_{i+1})}{F_{i+1}}, \tag{6.144}$$

die die Geschwindigkeit am folgenden Knoten $i+1$ liefert, wenn die Geschwindigkeit am Knoten i sowie die Druckverteilung bekannt sind.

Man kann also die iterative Lösungsprozedur mit der Annahme einer Druckverteilung an den einzelnen Knoten und des Durchflusses Q beginnen. Mit diesem angenommenen Durchfluss Q kann der Startwert

$$v_0 = \frac{Q}{A_0} \tag{6.145}$$

bestimmt werden. Die Geschwindigkeiten an den anderen Knoten folgen dann aus Gl. (6.144). Für die fortschreitende Verbesserung der Geschwindigkeits- und Druckvariablen an den einzelnen Knoten kann die Taylor-Reihe herangezogen werden, mit der ein Zusammenhang zwischen den Variablen hergestellt werden kann, da v_{i+1} eine Funktion von p_i und p_{i+1} ist:

$$v_{i+1} = v_{i+1}^0 + \frac{\partial v_{i+1}}{\partial p_i} \cdot (p_i - p_i^0) + \frac{\partial v_{i+1}}{\partial p_{i+1}} \cdot (p_{i+1} - p_{i+1}^0). \tag{6.146}$$

In diesem Ausdruck bezeichnen v_{i+1}^0, p_i^0 und p_{i+1}^0 die Werte der Variablen aus der vorangegangenen Iteration. Aus Gl. (6.144) folgt weiter

$$\frac{\partial v_{i+1}}{\partial p_i} = \frac{A_{i+1}}{\rho \cdot Q \cdot F_{i+1}} \tag{6.147}$$

bzw.

$$\frac{\partial v_{i+1}}{\partial p_{i+1}} = -\frac{A_{i+1}}{\rho \cdot Q \cdot F_{i+1}}, \tag{6.148}$$

so dass man für das neue Geschwindigkeitsfeld erhält:

$$v_{i+1} = v_{i+1}^0 + \frac{A_{i+1}}{\rho \cdot Q \cdot F_{i+1_i}} \cdot (\Delta p_i - \Delta p_{i+1}) \tag{6.149}$$

bzw.

$$v_i = v_i^0 + \frac{A_i}{\rho \cdot Q \cdot F_i} \cdot (\Delta p_{i-1} - \Delta p_i) \tag{6.150}$$

mit $\Delta p_i = p_i - p_i^0$.

Setzt man die Gl. (6.149) und (6.150) in die Kontinuitätsgleichung ein, so erhält man schließlich

$$\begin{aligned} v_i^0 \cdot A_i - v_{i+1}^0 \cdot A_{i+1} + \frac{A_i^2}{\rho \cdot Q \cdot F_i} \cdot (\Delta p_{i-1} - \Delta p_i) \\ - \frac{A_{i+1}^2}{\rho \cdot Q \cdot F_{i+1}} \cdot (\Delta p_i - \Delta p_{i+1}) = 0 \end{aligned} \tag{6.151}$$

oder

$$\frac{A_i}{\rho \cdot v_i \cdot F_i} \cdot \Delta p_{i-1} - \left(\frac{A_i}{\rho \cdot v_i \cdot F_i} + \frac{A_{i+1}}{\rho \cdot v_{i+1} \cdot F_{i+1}} \right) \cdot \Delta p_i + \frac{A_{i+1}}{\rho \cdot v_{i+1} \cdot F_{i+1}} \cdot \Delta p_{i+1} = v_{i+1}^0 \cdot A_{i+1} - v_i^0 \cdot A_i . \tag{6.152}$$

Für die Knoten i kann somit ein Gleichungssystem angegeben werden, aus dem die unbekannten Werte für Δp bestimmt werden können. Als Randwerte können die Δp-Werte am Anfang und am Ende des Strömungskanals eingesetzt werden, für die gilt

$$\Delta p_0 = \Delta p_N = 0.$$

Außerdem ist zu beachten, dass die Werte auf der rechten Seite der Gl. (6.152) die Geschwindigkeitswerte der vorangegangenen Iteration darstellen.

Das lineare Gleichungssystem (6.152) kann mit den bereits dargestellten Methoden gelöst werden. Im vorliegenden Fall eignet sich dafür auch der Tridiagonal-Matrix-Algorithmus. Mit den ermittelten Werten für Δp_i können nun mit Gl. (6.150) die Geschwindigkeitswerte v_i^0 korrigiert werden. Die neuen Druckwerte lassen sich aus

$$p_i = p_i^0 + \Delta p_i \tag{6.153}$$

ermitteln. Der Iterationsprozess wird solange fortgesetzt, bis

$$\Delta p_i \to 0$$

geht und die Kontinuitätsgleichung an allen Knotenpunkten genügend genau erfüllt ist:

$$\sum_{i=0}^{N-1} |A_{i+1} \cdot v_{i+1} - A_i \cdot v_i| \leq \varepsilon . \tag{6.154}$$

6.7.4 Beispiel 3: Viskose Strömung in einer konischen Rohrleitung

Im Folgenden soll als Beispiel eine quasi-eindimensionale viskose Strömung in einer 10 m langen konischen Rohrleitung betrachtet werden. Die Rohrleitung schließt an einen Behälter an, dessen Wasserstand im Eintrittsquerschnitt a der Rohrleitung einen konstanten Druck von $pa = 10^5$ Pa verursacht. Die Rohrleitung mündet mit dem Austrittsquerschnitt ins Freie. Im Austrittsquerschnitt tritt damit der Atmosphärendruck $pb = 0$ auf. Der Durchmesser des Eintrittsquerschnittes soll $da = 0{,}2$ m, der Durchmesser des Austrittsquerschnittes $db = 0{,}1$ m und die Länge der Rohrleitung $l = 10$ m betragen (vgl. Abb. 6.16).

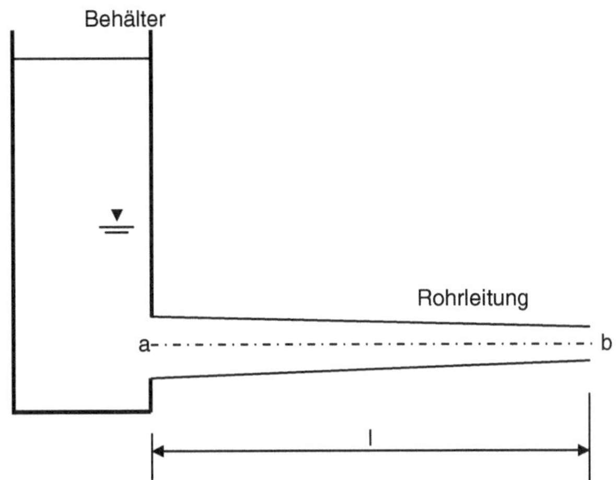

Abb. 6.16 Behälter mit konischer Rohrleitung

Als Startwert für die iterative Berechnung der Strömung wird ein Wert für den Durchfluss Q angenommen, der sich ohne Reibungseinfluss ergeben würde:

$$Q = \frac{\pi \cdot db^2}{4} \cdot \sqrt{\frac{2 \cdot (pa - pb)}{\rho}} = 0{,}111\ \mathrm{m^3/s}. \tag{6.155}$$

Für die numerische Berechnung wird ein versetztes Gitternetz auf der Rohrachse angeordnet, bei dem die Druckknoten um den Wert $\frac{\Delta x}{2}$ gegenüber den Geschwindigkeitsknoten versetzt sind (vgl. Abb. 6.17). Für die Abstände der Knoten wird ein relativ großer Wert von $\Delta x = 1$ m gewählt. Damit kann kein besonders genaues Ergebnis erzielt, aber die Lösungsmethode übersichtlich dargestellt werden.

Es werden zunächst die Querschnittswerte für die Geschwindigkeitsknoten ermittelt. Man erhält für die Knoten $i = 1$ bis 10

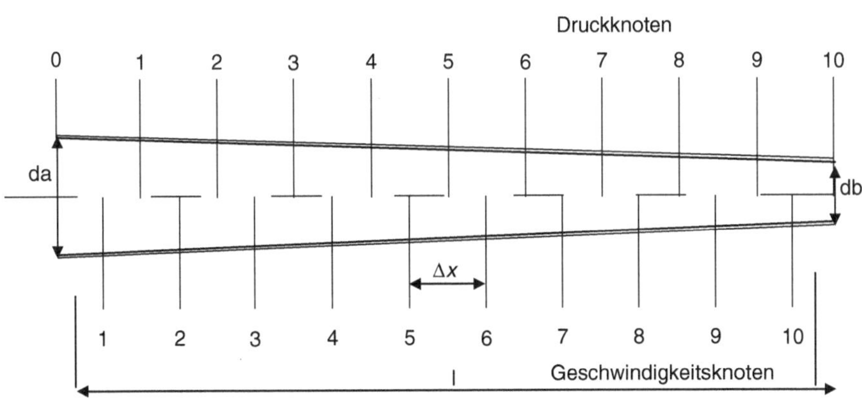

Abb. 6.17 Druck- und Geschwindigkeitsknoten in der Rohrachse

für die Durchmesser

$$d_i = da - \frac{(da - db)}{l} \cdot \Delta x \cdot (i + 0{,}5), \tag{6.156}$$

für die Flächen $ag_i = \frac{\pi \cdot d_i^2}{4}$, für die Umfänge $ug_i = \pi \cdot d_i$, für die hydraulischen Radien

$$r_{hy,\,i} = \frac{ag_i}{ug_i} \tag{6.157}$$

und die Parameter

$$fg_i = 1 + \frac{\lambda}{8} \cdot \frac{\Delta x}{r_{hy,i}}, \tag{6.158}$$

bei denen der Widerstandswert $\lambda = 0{,}02$ gesetzt wurde. Bei der Ermittlung von fg_1 ist dabei mit $\frac{\Delta x}{2}$ zu rechnen. Die Ergebnisse sind in der Tab. 6.5 zusammengestellt.

Für die Druckknoten wird zunächst eine einfache lineare Veränderung der Druckwerte von pa auf pb angenommen:

$$p_i = pa - \frac{(pa - pb)}{l} \cdot \Delta x \cdot (i + 1{,}0). \tag{6.159}$$

Mit den Variablen p_i an den Druckknoten und

$$v_i = \frac{Q}{ag_i} \tag{6.160}$$

an den Geschwindigkeitsknoten kann nun der Iterationsprozess gestartet werden.

Zunächst wird mit der Rekursionsformel (6.144) ein neues Geschwindigkeitsfeld $v1$ ermittelt. Dabei wird zur Stabilisierung der numerischen Lösung ein Relaxionsfaktor $\lambda_r = 0{,}5$ eingeführt. Mit dem Startwert

$$v1_0 = v_0 = va$$

erhält man

$$v1_{i+1} = (1 - \lambda_r) \cdot v_{i+1} + \lambda_r \cdot \left[\frac{v1_i + (p_i - p_{i+1}) \cdot \dfrac{ag_{i+1}}{\rho \cdot Q}}{fg_{i+1}} \right]. \tag{6.161}$$

Die ermittelten Geschwindigkeitswerte sind in Tab. 6.6 eingetragen.

Tab. 6.5 Werte an den Knoten i

Knoten i	d_i (m)	ag_i (m^2)	ug_i (m)	$r_{hy,\,i}$ (m)	fg_i
1	0,195	0,030	0,613	0,049	1,026
2	0,185	0,027	0,581	0,046	1,054
3	0.175	0,024	0,550	0,044	1,057
4	0.165	0.021	0,518	0,041	1,061
5	0,155	0,019	0,487	0,039	1,065
6	0,145	0,017	0,456	0,036	1,069
7	0,135	0,014	0,424	0,034	1,074
8	0,125	0,012	0,393	0,031	1,080
9	0,115	0,010	0,361	0,029	1,087
10	0,105	0,008	0,330	0,026	1,095

Tab. 6.6 Geschwindigkeitswerte an den Knoten i

Knoten i	v_i (m/s)	$v1_i$ (m/s)
a	3,536	3,536
1	3,719	4,894
2	4,132	5,535
3	4,618	5,951
4	5,195	6,310
5	5,886	6,705
6	6,726	7,195
7	7,760	7,829
8	9,051	8,662
9	10,693	9,761
10	12,827	11,226

Das Gleichungssystem für die Bestimmung der Δp_i-Werte (6.151) kann in allgemeiner Form für die Knoten 1 bis 9 geschrieben werden:

$$A_i \cdot \Delta p_{i-1} + B_i \cdot \Delta p_i + C_i \cdot \Delta p_{i+1} = D_i. \qquad (6.162)$$

Dabei gilt für die Koeffizienten

$$A_i = \frac{ag_i}{\rho \cdot v1_i \cdot fg_i}, \qquad (6.163)$$

$$B_i = -A_i - A_{i+1}, \qquad (6.164)$$

$$C_i = A_{i+1} \text{ und} \qquad (6.165)$$

$$D_i = b_{i+1} - b_i \text{ mit} \qquad (6.166)$$

$$b_i = v1_i \cdot ag_i. \qquad (6.167)$$

An den einzelnen Knotenpunkten ergeben sich die Werte der Tab. 6.7.

Tab. 6.7 Zusammenstellung der Koeffizienten der Gl. (6.162)

Knoten i	A_i (m^4 s/kg)	B_i (m^4 s/kg)	C_i (m^4 s/kg)	D_i (m^3/s)
1	$5{,}950 \cdot 10^{-6}$	$-1{,}056 \cdot 10^{-5}$	$4{,}607 \cdot 10^{-6}$	$2{,}640 \cdot 10^{-3}$
2	$4{,}607 \cdot 10^{-6}$	$-8{,}430 \cdot 10^{-6}$	$3{,}823 \cdot 10^{-6}$	$-5{,}651 \cdot 10^{-3}$
3	$3{,}823 \cdot 10^{-6}$	$-7{,}018 \cdot 10^{-6}$	$3{,}195 \cdot 10^{-6}$	$-8{,}213 \cdot 10^{-3}$
4	$3{,}195 \cdot 10^{-6}$	$-5{,}838 \cdot 10^{-6}$	$2{,}644 \cdot 10^{-6}$	$-8{,}412 \cdot 10^{-3}$
5	$2{,}644 \cdot 10^{-6}$	$-4{,}791 \cdot 10^{-6}$	$2{,}147 \cdot 10^{-6}$	$-7{,}712 \cdot 10^{-3}$
6	$2{,}147 \cdot 10^{-6}$	$-3{,}849 \cdot 10^{-6}$	$1{,}702 \cdot 10^{-6}$	$-6{,}743 \cdot 10^{-3}$
7	$1{,}702 \cdot 10^{-6}$	$-3{,}014 \cdot 10^{-6}$	$1{,}312 \cdot 10^{-6}$	$-5{,}771 \cdot 10^{-3}$
8	$1{,}312 \cdot 10^{-6}$	$-2{,}291 \cdot 10^{-6}$	$9{,}790 \cdot 10^{-7}$	$-4{,}905 \cdot 10^{-3}$
9	$9{,}790 \cdot 10^{-7}$	$-1{,}683 \cdot 10^{-6}$	$7{,}043 \cdot 10^{-7}$	$-4{,}185 \cdot 10^{-3}$
10	$7{,}043 \cdot 10^{-7}$	$-1{,}233 \cdot 10^{-6}$		$1{,}387 \cdot 10^{-2}$

Tab. 6.8 Koeffizienten des linearen Gleichungssystems

i	Δp_1	Δp_2	Δp_3	Δp_4	Δp_5	Δp_6	Δp_7	Δp_8	Δp_9	b_{i+1}	b_i
					$\frac{N}{m^2}$					$\frac{m^3}{s}$	
1	B_1	C_1								b_2	b_1
2	A_2	B_2	C_2							b_3	b_2
3		A_3	B_3	C_3						b_4	b_3
4			A_4	B_4	C_4					b_5	b_4
5				A_5	B_5	C_5				b_6	b_5
6					A_6	B_6	C_6			b_7	b_6
7						A_7	B_7	C_7		b_8	b_7
8							A_8	B_8	C_8	b_9	b_8
9								A_9	B_9	b_{10}	b_9

Tabelle 6.8 zeigt die Koeffizienten und den Aufbau des Gleichungssystems. Da sich die Druckwerte an den Knoten „0“ und „10“ nicht ändern, ist

$$\Delta p_0 = 0 \tag{6.168}$$

und

$$\Delta p_{10} = 0. \tag{6.169}$$

Bevor im weiteren Verlauf des ersten Iterationsschrittes nun das Gleichungssystem (6.162) unter Beachtung der Randbedingungen gelöst wird, empfiehlt es sich, an dieser Stelle im Iterationszyklus mit Gl. (6.154) die erreichte Konvergenz zu kontrollieren. Im ersten Iterationsschritt ergibt sich

$$\sum_{i=1}^{9} |ag_{i+1} \cdot v1_{i+1} - ag_i \cdot v1_i| = 0{,}05423. \tag{6.170}$$

Für den zu erreichenden ε-Wert könnte z. B. 0,0001 festgelegt werden.

Das zu lösende Gleichungssystem (6.162) lässt sich wie folgt in Matrizenform schreiben:

$$\begin{vmatrix} B_1 & C_1 & 0 & 0 & 0 & 0 & 0 & 0 & 0 \\ A_2 & B_2 & C_2 & 0 & 0 & 0 & 0 & 0 & 0 \\ 0 & A_3 & B_3 & C_3 & 0 & 0 & 0 & 0 & 0 \\ 0 & 0 & A_4 & B_4 & C_4 & 0 & 0 & 0 & 0 \\ 0 & 0 & 0 & A_5 & B_5 & C_5 & 0 & 0 & 0 \\ 0 & 0 & 0 & 0 & A_6 & B_6 & C_6 & 0 & 0 \\ 0 & 0 & 0 & 0 & 0 & A_7 & B_7 & C_7 & 0 \\ 0 & 0 & 0 & 0 & 0 & 0 & A_8 & B_8 & C_8 \\ 0 & 0 & 0 & 0 & 0 & 0 & 0 & A_9 & B_9 \end{vmatrix} * \begin{vmatrix} \Delta p_1 \\ \Delta p_2 \\ \Delta p_3 \\ \Delta p_4 \\ \Delta p_5 \\ \Delta p_6 \\ \Delta p_7 \\ \Delta p_8 \\ \Delta p_9 \end{vmatrix} = \begin{vmatrix} D_1 \\ D_2 \\ D_3 \\ D_4 \\ D_5 \\ D_6 \\ D_7 \\ D_8 \\ D_9 \end{vmatrix} \tag{6.171}$$

Man erkennt, dass sich das System vorteilhaft mit dem Tridiagonal-Algorithmus lösen lässt.

Im vorliegenden Fall wird eine Variante des Thomas-Algorithmus angewandt, bei der im vorwärtsgerichteten Durchlauf folgende Koeffizienten bestimmt werden:

$$e_i = \left\{ \begin{array}{ll} \dfrac{C_1}{B_1} & \textit{für } i = 1 \\ \dfrac{C_i}{B_i - e_{i-1} \cdot A_i} & \textit{für } i = 2 \ldots 8 \end{array} \right\} \tag{6.172}$$

sowie

$$f_i = \left\{ \begin{array}{ll} \dfrac{D_1}{B_1} & \textit{für } i = 1 \\ \dfrac{D_i - f_{i-1} \cdot A_i}{B_i - e_{i-1} \cdot A_i} & \textit{für } i = 2 \ldots 9 \end{array} \right\}. \tag{6.173}$$

Die berechneten Koeffizienten enthält die Tab. 6.9.

Die Ermittlung der Δp_i-Werte kann nun durch ein Rückwärts-Einsetzverfahren erfolgen. Beginnend mit

$$\Delta p_9 = f_9 \tag{6.174}$$

Tab. 6.9 Koeffizienten des Thomas-Algorithmus

Knoten i	e_i	f_i (N/m^2)
1	−0,436	$-2{,}501 \cdot 10^2$
2	−0,595	$7{,}007 \cdot 10^2$
3	−0,674	$2{,}297 \cdot 10^3$
4	−0,717	$4{,}274 \cdot 10^3$
5	−0,742	$6{,}568 \cdot 10^3$
6	−0,754	$9{,}237 \cdot 10^3$
7	−0,758	$1{,}242 \cdot 10^4$
8	−0,755	$1{,}636 \cdot 10^4$
9	−0,746	$2{,}140 \cdot 10^4$

Tab. 6.10 Zusammenstellung der Druckänderungen Δp_i

Knoten i	Δp_i (N/m^2)
9	$2{,}1404 \cdot 10^4$
8	$3{,}2527 \cdot 10^4$
7	$3{,}7089 \cdot 10^4$
6	$3{,}7214 \cdot 10^4$
5	$3{,}4173 \cdot 10^4$
4	$2{,}8785 \cdot 10^4$
3	$2{,}1694 \cdot 10^4$
2	$1{,}3621 \cdot 10^4$
1	$5{,}6939 \cdot 10^3$

erhält man für die Knoten von $i = 8$ bis $i = 1$

$$\Delta p_i = f_i - e_i \cdot \Delta p_{i+1}. \tag{6.175}$$

Die einzelnen Werte zeigt Tab. 6.10.

Im nächsten Schritt müssen nun mit den berechneten Δp_i-Werten die Geschwindigkeits- und Druckwerte korrigiert werden. Aus Gl. (6.149) ergeben sich für die Knoten i = 1 bis i = 10 die neuen Geschwindigkeitswerte aus

$$v2_i = v1_i + \frac{ag_i}{\rho \cdot Q \cdot fg_i} \cdot (\Delta p_{i-1} - \Delta p_i). \tag{6.176}$$

Die korrigierten Druckwerte für i = 1 bis 9 folgen aus

$$p3_i = p_i + \Delta p_i. \tag{6.177}$$

Aus dem neuen Durchfluss von

$$Q = v2_9 \cdot ag_9 = 0{,}108\ \mathrm{m^3/s} \tag{6.178}$$

ergibt sich schließlich die neue Geschwindigkeitsverteilung mit

$$v3_i = \frac{Q}{ag_i}. \tag{6.179}$$

Mit den Variablen $v3_i$ und $p3_i$ kann nun ein neuer Iterationsschritt eingeleitet werden.

In dem beigefügtem Programm „Stokes“ können die Ergebnisse der einzelnen Iterationsschritte verfolgt werden (vgl. auch Kap. 10). In Anhang 6/1 und 6/2 sind die mit dem Programm berechneten Ergebnisse dargestellt.

In der Abb. 6.18 sind die Ausgangswerte für die Geschwindigkeiten $v0$, die im ersten Iterationsschritt berechneten Werte für die Geschwindigkeiten $v1$ und $v3s$ sowie die beim Erreichen der Genauigkeitsschranke ε ermittelten Geschwindigkeitswerte $v3e$ dargestellt.

Die angenommenen Ausgangswerte für die Druckwerte $p0$, die berechneten Druckwerte nach dem ersten Iterationsschritt $p3s$ sowie die endgültigen Werte $p3e$ zeigt Abb. 6.19.

In dem Programm werden auch Diagramme für Geschwindigkeit und Druck gezeigt, bei denen die Ausgangswerte va und pa zur Normierung herangezogen werden. Durch eine schrittweise Rechnung kann die Veränderung der Druck- und Geschwindigkeitswerte beobachtet werden.

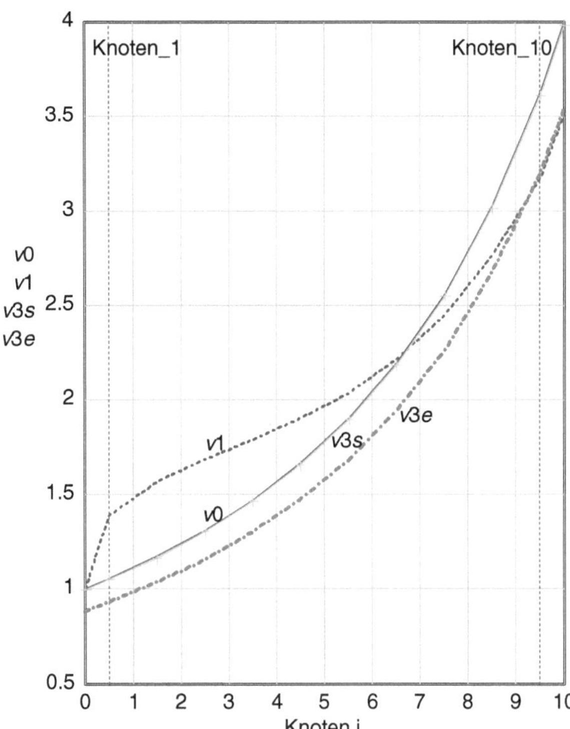

Abb. 6.18 Geschwindigkeitswerte an den Knoten

6.8 Instationäre eindimensionale Strömungen

6.8.1 Grundgleichungen für eine beliebige Querschnittsform

Für eine beliebige Querschnittsform, gleichmäßig über den Querschnitt verteilter Geschwindigkeit v und die Gültigkeit einer Fließformel wurden im Abschn. 2.6.5 die Saint-Venant-Gleichungen in der Form

$$\frac{\partial A}{\partial t} + v \cdot \frac{\partial A}{\partial x} + A \cdot \frac{\partial v}{\partial x} = 0$$
$$\frac{\partial v}{\partial t} + v \cdot \frac{\partial v}{\partial x} + \frac{g}{b} \cdot \frac{\partial A}{\partial x} = E \tag{6.180}$$

abgeleitet.

Darin bezeichnen

- t die Zeitkoordinate,
- x die Ortskoordinate,
- v die Fließgeschwindigkeit,
- A die Fließfläche,

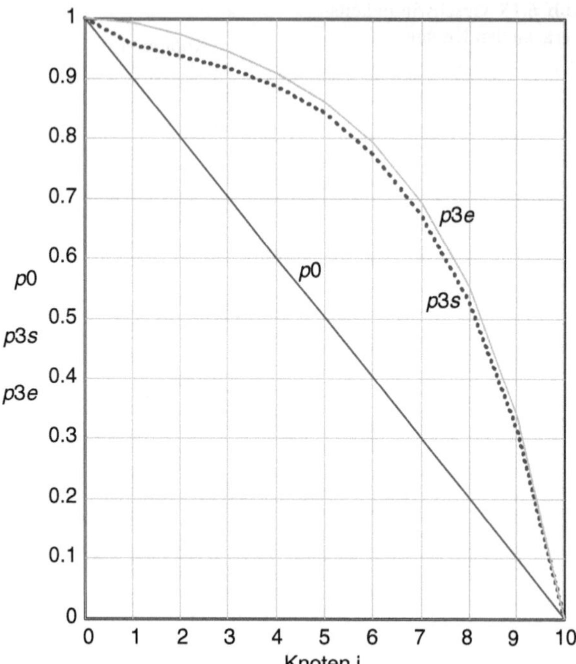

Abb. 6.19 Druckwerte an den Knoten

g die Gravitationskonstante und
b die Wasserspiegelbreite.

Außerdem ist

$$E = g \cdot (S - S_R).$$

Darin bezeichnen

S das Sohlgefälle und
S_R das Reibungsgefälle.

Mit der Manning-Strickler-Formel erhält man

$$S_R = \frac{v \cdot |v|}{k_{St}^2 \cdot r_{hy}^{\frac{4}{3}}}.$$

Führt man die Wellengeschwindigkeit für Elementarwellen (vgl. Gl. (2.142))

$$c = \sqrt{g \cdot \frac{A}{b}} \tag{6.181}$$

in das Gleichungssystem (6.180) ein und ersetzt die Differentiale von A durch

$$\frac{\partial A}{\partial x} = \frac{b}{g} \cdot 2 \cdot c \cdot \frac{\partial c}{\partial x} \quad \text{und} \quad \frac{\partial A}{\partial t} = \frac{b}{g} \cdot 2 \cdot c \cdot \frac{\partial c}{\partial t},$$

und fügt wieder die totalen Differentiale dv und dc hinzu, so erhält man das System

$$\begin{aligned}
&c \cdot \frac{\partial v}{\partial x} + 0 + 2 \cdot v \cdot \frac{\partial c}{\partial x} + 2 \cdot \frac{\partial c}{\partial t} = 0 \\
&v \cdot \frac{\partial v}{\partial x} + \frac{\partial v}{\partial t} + 2 \cdot c \cdot \frac{\partial c}{\partial x} + 0 = E \\
&dx \cdot \frac{\partial v}{\partial x} + dt \cdot \frac{\partial v}{\partial t} = dv_x \\
&dx \cdot \frac{\partial c}{\partial x} + dt \cdot \frac{\partial c}{\partial t} = dc
\end{aligned} \tag{6.182}$$

6.8.2 Numerische Lösung mit der Charakteristikentheorie

Entsprechend den Entwicklungen in Abschn. 2.6.2 liefert die Hauptdeterminante Δ des Systems (6.182) zwei charakteristische Gleichungen, wenn

$$\Delta = 0 \tag{6.183}$$

gesetzt wird. Es ergibt sich daraus

$$\frac{dx}{dt} = v \pm c. \tag{6.184}$$

Wird in Δ wieder eine Spalte durch die rechte Seite des Systems (6.182) ersetzt und die so entstehende Determinante δ null gesetzt, so erhält man daraus die weiteren zwei charakteristischen Gleichungen:

$$\frac{dv}{dt} \pm 2 \cdot \frac{dc}{dt} - E = 0. \tag{6.185}$$

Die numerische Lösung verwendet die charakteristischen Gleichungen mit endlichen Differenzen. Sind z. B. in der x,t-Ebene an den beiden Punkten L und R die zwei unabhängigen Variablen x und t sowie die abhängigen Variablen v und c bekannt, so können mit diesen Gleichungen alle vier unbekannten Werte am Schnittpunkt P der durch L und R gehenden Charakteristiken bestimmt werden (vgl. Abb. 6.20). Dabei wird zwischen den bekannten Punkten L und R sowie dem unbekannten Punkt P ein geradliniger Verlauf der Charakteristiken angenommen. Mit dieser Voraussetzung ergibt sich aus den charakteristischen Gleichungen für die Charakteristik C_1

$$\frac{dx}{dt} = v_L + c_l \tag{6.186}$$

bzw.

$$(x_P - x_L) = (v_L + c_L) \cdot (t_P - t_L) \tag{6.187}$$

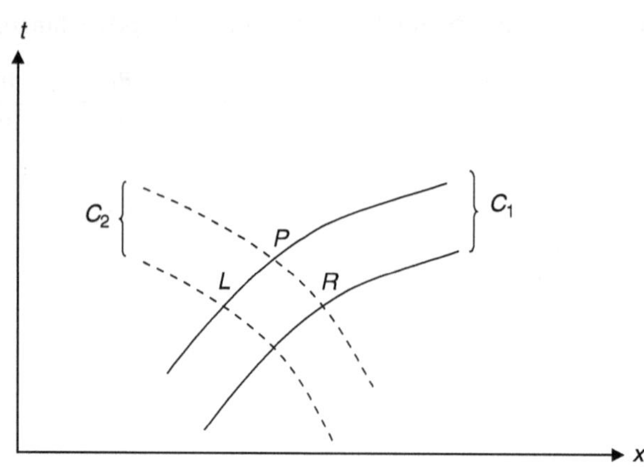

Abb. 6.20 Charakteristiken im Lösungsbereich der x, t-Ebene

und

$$(v_P - v_L) + 2 \cdot (c_P - c_L) = E \cdot (t_P - t_L). \tag{6.188}$$

Aus den charakteristischen Gleichungen für die Charakteristik C_2 erhält man folgende Differenzengleichungen:

$$(x_p - x_R) = (v_P - c_P) \cdot (t_P - t_R) \tag{6.189}$$

und

$$(v_P - v_R) - 2 \cdot (c_P - c_R) = E \cdot (t_P - t_R). \tag{6.190}$$

Aus diesen vier Differenzengleichungen lassen sich die vier unbekannten Variablen am Punkt P explizit ermitteln. Es ergibt sich

$$t_P = \frac{x_R - x_L - t_R \cdot (v_R - c_R) + t_L \cdot (v_l + c_L)}{v_L - v_R + c_L + c_R}, \tag{6.191}$$

$$x_P = x_L + (v_L + c_L) \cdot (t_p - t_L), \tag{6.192}$$

$$v_P = \frac{1}{2} \cdot (v_L + v_R) + c_L - c_R + E \cdot \left(t_P - \frac{1}{2} \cdot (t_L - t_R) \right), \tag{6.193}$$

$$c_p = \frac{1}{2} \cdot (v_P - v_R) - \frac{E}{2} \cdot (t_P - t_R) + c_R. \tag{6.194}$$

Der Lösungsalgorithmus kann jedoch nur starten, wenn zu einem Zeitpunkt, z. B. für $t = 0$ (auf der x-Achse), an den diskreten Startpunkten die vier Variablen als Anfangswerte bekannt sind. Außerdem müssen an den beiden Rändern des Lösungsgebietes (am oberen und unteren Ende) Randbedingungen als Werte für die Wassertiefe, für die Geschwindigkeit oder für den Durchfluss vorgegeben werden.

Die Wahl der Anfangs- und Randbedingungen bestimmt maßgeblich den gesamten Strömungsprozess. Im Untersuchungsgebiet dürfen keine Diskontinuitäten auftreten.

Die Stabilität der numerischen Lösung wird entscheidend durch die Größe des Zeitschrittes Δt bestimmt. Dieser Zeitwert muss so gewählt werden, dass sich die von den bekannten Punkten ausgehenden Charakteristiken, die den Lauf von Störungswellen in der x, t-Ebene verdeutlichen (vgl. Abb. 6.20), auch in dem gesuchten Lösungspunkt schneiden. Diese Bedingung wird als Courant-Bedingung bezeichnet und erfordert, dass

$$\Delta t \leq \frac{\Delta x}{(|v| + c)}.$$

Die Bedingung kann zu relativ kleinen Δt-Werten führen und damit zu großen Rechenzeiten.

Es wurden Charakteristikenverfahren mit variablem und festem Netz entwickelt. Einen Überblick gibt z. B. Kummer in (Bollrich 1989).

6.8.3 Explizite Finite-Differenzen-Methode

Die Lösung der Saint-Venant-Gleichungen kann auch dadurch erfolgen, dass die Finite-Differenzen-Methode direkt auf das Ausgangssystem angewendet wird. Im Folgenden soll zunächst eine Methode vorgestellt werden, bei dem die am Lösungspunkt gesuchten Variablen explizit ermittelt werden können. Dabei soll das Ausgangssystem für einen einfachen rechteckigen Querschnitt mit konstanter Breite b zugrunde gelegt werden. Für diesen Querschnitt erhält man die Gleichungen

$$\begin{aligned} &\frac{\partial h}{\partial t} + v \cdot \frac{\partial h}{\partial x} + h \cdot \frac{\partial v}{\partial x} = 0 \\ &\frac{1}{g} \cdot \frac{\partial v}{\partial t} + \frac{v}{g} \cdot \frac{\partial v}{\partial x} + \frac{\partial h}{\partial x} = \frac{E}{g}. \end{aligned} \tag{6.195}$$

Entsprechend dem Lösungsschema in der x, t-Ebene werden die Differentialquotienten in dem System (6.195) durch folgende Differenzenquotienten ersetzt: Für den Punkt M erhält man z. B. die zentralen Differenzen (Abb. 6.21)

$$\frac{\partial v}{\partial x} = \frac{v_R - v_L}{2 \cdot \Delta x} \quad \text{und} \quad \frac{\partial h}{\partial x} = \frac{h_R - h_L}{2 \cdot \Delta x} \tag{6.196}$$

sowie für den Punkt P

$$\frac{\partial v}{\partial t} = \frac{v_P - v_M}{\Delta t} \quad \text{und} \quad \frac{\partial h}{\partial t} = \frac{h_P - h_M}{\Delta t}. \tag{6.197}$$

Mit den Differenzenquotienten ergibt sich aus der Kontinuitätsgleichung des Systems (6.195) eine explizite Beziehung für die Wassertiefe am Lösungspunkt P:

$$h_P = h_M + \frac{\Delta t}{2 \cdot \Delta x} \cdot [v_M \cdot (h_L - h_R) + h_M \cdot (v_L - v_R)]. \tag{6.198}$$

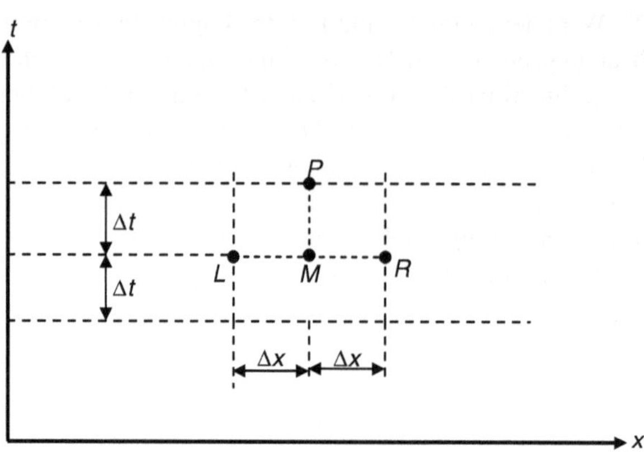

Abb. 6.21 Lösungsschema in der x, t-Ebene für die explizite Finite-Differenzen-Methode

Die Substitution der Differentialquotienten in der Bewegungsgleichung des Systems (6.195) liefert die Beziehung

$$\frac{v_P - v_M}{\Delta t} + v_M \cdot \frac{(v_R - v_L)}{2 \cdot \Delta x} + g \cdot \frac{(h_R - h_L)}{2 \cdot \Delta x} = E. \tag{6.199}$$

Darin bezeichnet wieder $E = g \cdot (S - S_R)$.

Mit der bereits bekannten Wassertiefe h_P am Punkt P ergibt sich der hydraulische Radius aus

$$r_{hyP} = \frac{h_P \cdot b}{2 \cdot h_P + b}$$

und damit das ReibungsgefälleS_R an diesem Punkt aus

$$S_R = \frac{|v_P| \cdot v_P}{k_{St}^2 \cdot r_{hyP}^{\frac{4}{3}}}. \tag{6.200}$$

Setzt man nun

$$\frac{1}{k_{st}^2 \cdot r_{hyP}^{\frac{4}{3}}} \cdot g \cdot \Delta t = \frac{1}{\Gamma}, \tag{6.201}$$

so kann die Bewegungsgleichung (6.199) in der Form

$$\begin{aligned} &v_P - v_M + v_M \cdot (v_R - v_L) \cdot \frac{\Delta t}{2 \cdot \Delta x} + g \cdot (h_R - h_L) \cdot \frac{\Delta t}{2 \cdot \Delta x} \\ &= g \cdot S \cdot \Delta t - \frac{|v_P| \cdot v_P}{\Gamma} \end{aligned} \tag{6.202}$$

geschrieben werden. Mit dem Ausdruck

$$\beta = v_M + \frac{\Delta t}{2 \cdot \Delta x} \cdot v_M \cdot (v_L - v_R) + \frac{g \cdot \Delta t}{2 \cdot \Delta x}(h_L - h_R) + g \cdot \Delta t \cdot S \tag{6.203}$$

erhält man schließlich die Bewegungsgleichung als einfache quadratische Gleichung in der Form

$$v_P = \beta - \frac{|v_P| \cdot v_P}{\Gamma}, \tag{6.204}$$

aus deren Lösung sich die gesuchte Geschwindigkeit am Punkt P mit

$$v_P = -\frac{\Gamma}{2} + \frac{1}{2} \cdot \sqrt{\Gamma^2 + 4 \cdot \beta \cdot \Gamma} \tag{6.205}$$

ergibt (Graf 1998).

Für den Lösungsprozess sind analog dem Lösungsverfahren mit der Charakteristikentheorie Anfangs- und Randbedingungen erforderlich. Außerdem kann eine stabile numerische Lösung nur erreicht werden, wenn die Courant-Bedingung

$$\Delta t \leq \frac{\Delta x}{(|v| + c)} \tag{6.206}$$

eingehalten wird.

6.8.4 *Implizite Finite-Differenzen-Methode*

Zur Lösung der Saint-Venant-Gleichungen wurden unterschiedliche implizite Differenzen entwickelt. Hier wird eine Lösungsmethode vorgestellt, die auf der Grundlage des Lösungsschemas von Preismann, 1961, beruht (Ligget und Cunge 1975).

In dem 4-Punkt-Lösungsschema (vgl. Abb. 6.22) kann ein Funktionswert für die Funktion $f(x,t)$ an einem Punkt P durch den Ausdruck

$$f(x,t) = \theta \cdot \left[\varphi \cdot f_{i+1}^{j+1} + (1-\varphi) \cdot f_i^{j+1}\right] + (1-\theta) \cdot \left[\phi \cdot f_{i+1}^{j} + (1-\varphi) \cdot f_i^{j}\right] \tag{6.207}$$

angenähert werden. In diesem Ausdruck bezeichnen φ und θ Gewichtskoeffizienten für die zeitliche und räumliche Distanz mit Werten zwischen 0 und 1,0.

Die partiellen Ableitungen dieser Funktion nach den unabhängigen Variablen ergeben sich aus

$$\frac{\partial f}{\partial x} = \frac{1}{\Delta x} \cdot \left[\theta \cdot \left(f_{i+1}^{j+1} - f_i^{j+1}\right) + (1-\theta) \cdot \left(f_{i+1}^{j} - f_i^{j}\right)\right] \tag{6.208}$$

und

$$\frac{\partial f}{\partial t} = \frac{1}{\Delta t} \cdot \left[\varphi \cdot \left(f_{i+1}^{j+1} - f_{i+1}^{j}\right) + (1-\varphi) \cdot \left(f_i^{j+1} - f_i^{j}\right)\right]. \tag{6.209}$$

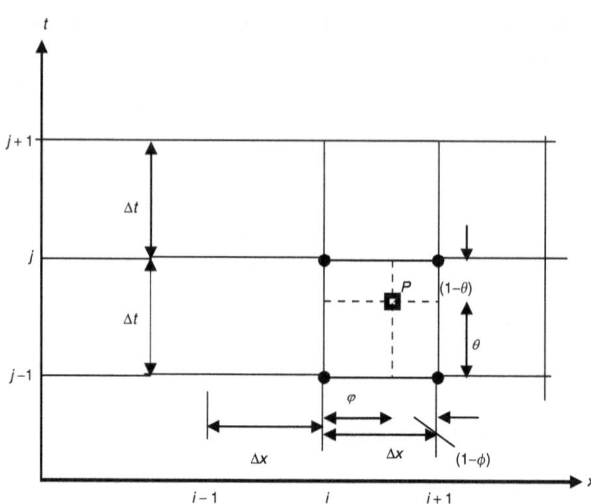

Abb. 6.22 Lösungsschema in der x, t-Ebene für die implizite Finite-Differenzen-Methode

Mit $\varphi = 0{,}5$ erhält man die klassischen Lösungsschemen von Preismann und zwar
mit $\theta = 0$ ein komplett explizites Lösungsverfahren,
mit $\theta = 1$ ein komplett implizites Verfahren und
mit $\theta = 0{,}5$ ein zentral-implizites „Vier-Punkt"-Verfahren.

Für präzise und stabile Lösungsverfahren wird ein Wert von $\theta = 0{,}66$ empfohlen.

Die Saint-Venant-Gleichungen werden aus praktischen Aspekten mit den Variablen Q und h in folgender Form geschrieben:

$$\frac{\partial h}{\partial t} + \frac{1}{b} \cdot \frac{\partial Q}{\partial x} = 0$$

$$\frac{\partial Q}{\partial t} + \frac{\partial}{\partial x}\left(\frac{Q^2}{A}\right) + g \cdot A \cdot \frac{\partial h}{\partial x} + g \cdot A \cdot \frac{|Q| \cdot Q}{K^2} = 0. \qquad (6.210)$$

Dieses System ergibt sich aus (6.195), wenn der Durchfluss $Q = v \cdot h \cdot b$ gesetzt, mit $h = (h + z)$ die Höhe über einen Bezugshorizont bezeichnet, in der Bewegungsgleichung das konvektive Glied $\frac{\partial Q}{\partial x}$ vernachlässigt und das Reibungsgefälle S_R durch den „Transportfaktor"

$$K(h) = k_{St} \cdot r_{St}^{\frac{2}{3}}(h) \cdot A(h) \qquad (6.211)$$

ausgedrückt wird, so dass

$$Q = K(h) \cdot \sqrt{S_R} \qquad (6.212)$$

gilt.

Das Lösungsschema von *Preismann* mit $\varphi = 0{,}5$ nutzt die Ausdrücke in den Gl. (6.208) und (6.209), um die partiellen Ableitungen der variablen Q und h im System (6.210) zu ersetzen. Für die Ableitungen nach der Zeit ergibt sich

$$\frac{\partial h}{\partial t} = \frac{h_{i+1}^{j+1} - h_{i+1}^{j}}{2 \cdot \Delta t} + \frac{h_i^{j+1} - h_i^{j}}{2 \cdot \Delta t} \qquad (6.213)$$

und

$$\frac{\partial Q}{\partial t} = \frac{Q_{i+1}^{j+1} - Q_{i+1}^{j}}{2 \cdot \Delta t} + \frac{Q_i^{j+1} - Q_i^j}{2 \cdot \Delta t}. \tag{6.214}$$

Für die räumlichen Ableitungen erhält man

$$\frac{\partial h}{\partial x} = \theta \cdot \frac{h_{i+1}^{j+1} - h_i^{j+1}}{\Delta x} + (1-\theta) \cdot \frac{h_{i+1}^{j} - h_i^j}{\Delta x} \tag{6.215}$$

und

$$\frac{\partial Q}{\partial x} = \theta \cdot \frac{Q_{i+1}^{j+1} - Q_i^{j+1}}{\Delta x} + (1-\theta) \cdot \frac{Q_{i+1}^{j} - Q_i^j}{\Delta x}. \tag{6.216}$$

In diesen Beziehungen ist

$$\Delta t = t_{j+1} - t_j \quad \text{und} \quad \Delta x = x_{i+1} - x_i.$$

Die „Faktoren" b und A werden analog der Funktion $f(x,t)$ ausgedrückt (vgl. Gl. (6.207)). Für die Breite b ergibt sich z. B.

$$b = \frac{\theta}{2} \cdot \left(b_{i+1}^{j+1} + b_i^{j+1}\right) + \frac{1-\theta}{2} \cdot \left(b_{i+1}^{j} + b_i^j\right). \tag{6.217}$$

Mit diesen Ansätzen kann nun das Gleichungssystem von Saint-Venant (6.210) wie folgt geschrieben werden (Ligget und Cunge 1975; Graf 1998):

$$\left[\frac{h_{i+1}^{j+1} - h_{i+1}^{j}}{2 \cdot \Delta t} + \frac{h_i^{j+1} - h_i^j}{2 \cdot \Delta t}\right] + \frac{2}{\Delta x}$$
$$\cdot \frac{\theta \cdot \left(Q_{i+1}^{j+1} - Q_i^{j+1}\right) + (1-\theta) \cdot \left(Q_{i+1}^{j} - Q_i^j\right)}{\theta \cdot \left(b_{i+1}^{j+1} + b_i^{j+1}\right) + (1-\theta) \cdot \left(b_i^j + b_{i+1}^{j}\right)} = 0$$

$$\left[\frac{Q_{i+1}^{j+1} - Q_{i+1}^{j}}{2 \cdot \Delta t} + \frac{Q_i^{j+1} - Q_i^j}{2 \cdot \Delta x}\right] + \left\{\frac{\theta}{\Delta x} \cdot \left[\left(\frac{Q^2}{A}\right)_{i+1}^{j+1} - \left(\frac{Q^2}{A}\right)_i^{j+1}\right]\right.$$
$$\left. + \frac{1-\theta}{\Delta x} \cdot \left[\left(\frac{Q^2}{A}\right)_{i+1}^{j} - \left(\frac{Q^2}{A}\right)_i^{j}\right]\right\}$$
$$+ g \cdot \left[\frac{\theta}{2} \cdot \left(A_{i+1}^{j+1} + A_i^{j+1}\right) + \frac{1-\theta}{2} \cdot \left(A_{i+1}^{j} + A_i^j\right)\right]$$
$$\times \left\{\left[\frac{\theta}{\Delta x} \cdot \left(h_{i+1}^{j+1} - h_i^{j+1}\right) + \frac{1-\theta}{\Delta x} \cdot \left(h_{i+1}^{j} - h_i^j\right)\right]\right.$$
$$+ \left[\frac{\theta}{2} \cdot \left(Q_{i+1}^{j+1} \cdot \left|Q_{i+1}^{j+1}\right| + Q_i^{j+1} \cdot \left|Q_i^{j+1}\right|\right)\right.$$

$$+\left(Q_{i+1}^j \cdot \left|Q_{i+1}^j\right| + Q_i^j \cdot \left|Q_i^j\right|\right) \cdot \left(\frac{1-\theta}{2}\right)\Bigg]$$

$$\times \left[\frac{\theta}{2} \cdot \left(\left(K_{i+1}^{j+1}\right)^2 + \left(K_i^{j+1}\right)^2\right)\right.$$

$$\left.+ \left(\left(K_{i+1}^j\right)^2 + \left(K_i^j\right)^2\right) \cdot \left(\frac{1-\theta}{2}\right)^{-1}\right]\Bigg\} = 0. \tag{6.218}$$

Man erhält mit dem System (6.218) zwei nicht lineare Gleichungen, die durch die Differenzenbildung der zeitlichen Funktionswerte am gleichen Ort, also durch

$$f^{j+1} - f^j = \Delta f \tag{6.219}$$

weiter umgeformt werden können. Die Kontinuitätsgleichung des Systems (6.210) würde dann lauten

$$\left[\frac{\Delta h_{i+1} + \Delta h_i}{2 \cdot \Delta t}\right] + \left[\frac{2}{\Delta x} \cdot \frac{\theta \cdot (\Delta Q_{i+1} - \Delta Q_i) + (Q_{i+1} - Q_i)}{\theta \cdot (\Delta b_{i+1} + \Delta b_i) + (b_{i+1} + b_i)}\right] = 0. \tag{6.220}$$

Analog kann auch die Bewegungsgleichung des Systems (6.210) umgeformt werden.

Liggett und Cunge (1980) schlugen vor, die Gleichungen mit der Annahme

$$\Delta f < f$$

zu linearisieren. Im Ergebnis erhält man dann aus der Kontinuitätsgleichung

$$a_i' \cdot \Delta h_{i+1} + b_i' \cdot \Delta Q_{i+1} = c_i' \cdot \Delta h_i + d_i' \cdot \Delta Q_i + g_i' \tag{6.221}$$

und aus der Bewegungsgleichung

$$a''_i \cdot \Delta h_{i+1} + b''_i \cdot \Delta Q_{i+1} = c''_i \cdot \Delta h_i + d''_i \cdot \Delta Q_i + g''_i. \tag{6.222}$$

Damit können für einen Zeitwert t^j die Koeffizienten der zwei linearen algebraischen Gleichungen aus den Werten h_i^j, Q_i^j, h_{i+1}^j und Q_{i+1}^j bestimmt werden.

Die zwei linearen Gleichungen können für die benachbarten Punkte i und $i+1$ für die vier unbekannten Werte $\Delta h_i, \Delta Q_i, \Delta h_{i+1}$ und ΔQ_{i+1} nur mit den zwei Randbedingungen (stromauf und stromab) gelöst werden.

Die impliziten Differenzenverfahren sind aufgrund ihrer numerischen Stabilität unabhängig von der Einhaltung der Courant-Bedingung. Sie werden daher in der Praxis gegenüber den expliziten Verfahren häufig bevorzugt.

6.8.5 Lösung durch parametrische Gruppierung

Das Gleichungssystem von Saint-Venant für einen Rechteckquerschnitt kann mit den Variablen

$$X = h \cdot v, \tag{6.223}$$

$$Y = X \cdot v + \frac{g}{2} \cdot h^2 \text{ und} \tag{6.224}$$

$$Z = h \cdot g \cdot S_R \tag{6.225}$$

in der Form

$$\frac{\partial h}{\partial t} + \frac{\partial X}{\partial x} = 0 \quad \text{(Kontinuitäts-Gleichung)} \tag{6.226}$$

$$\frac{\partial X}{\partial t} + \frac{\partial Y}{\partial x} = -Z \quad \text{(Bewegungsgleichung)} \tag{6.227}$$

geschrieben werden. Der Beweis, dass es sich bei Gl. (6.227) tatsächlich um die Bewegungs-Gleichung des Systems (6.195) handelt, lässt sich leicht durch das Einsetzen der Definitionsgleichungen (6.223)–(6.225) anstelle der neuen Variablen erbringen. Man erhält

$$h \cdot \frac{\partial v}{\partial t} + v \cdot \frac{\partial h}{\partial t} + 2 \cdot h \cdot v \cdot \frac{\partial v}{\partial x} + v^2 \cdot \frac{\partial h}{\partial x} + g \cdot h \cdot \frac{\partial h}{\partial x} = -h \cdot g \cdot S_R \tag{6.228}$$

bzw.

$$h \cdot \frac{\partial v}{\partial t} + v \cdot \left(\frac{\partial h}{\partial t} + v \cdot \frac{\partial h}{\partial x} + h \cdot \frac{\partial v}{\partial x} \right) + h \cdot v \cdot \frac{\partial v}{\partial x} + g \cdot h \cdot \frac{\partial h}{\partial x} = -h \cdot g \cdot S_R. \tag{6.229}$$

Da es sich in Gl. (6.229) bei dem Ausdruck in der Klammer um die Kontinuitätsgleichung handelt, die bekanntlich null ist, können die restlichen Glieder der Gleichung durch h dividiert werden, so dass im Ergebnis mit

$$\frac{\partial v}{\partial t} + v \cdot \frac{\partial v}{\partial x} + g \cdot \frac{\partial h}{\partial x} = -g \cdot S_R \tag{6.230}$$

die Bewegungsgleichung des Systems (6.195) entsteht.

Für die numerische Lösung wird das 2-Schritt-Lösungsverfahren von Lax-Wendroff herangezogen (Lax und Wendroff 1960). In der x,t-Ebene werden in x-Richtung Schrittweiten von Δx $(i-1, i, i+1)$ und in t-Richtung Schrittweiten von Δx $(n-1, n, n+1)$ vorgegeben. Bei diesem Lösungsverfahren werden – beginnend mit den Anfangswerten der Variablen zur Zeit $t = 0$ (x-Achse) – in einem ersten Schritt die Variablen für alle x-Werte für den Zeitwert $t = 0 + \frac{\Delta t}{2}$ bestimmt. In einem zweiten Schritt (Froschsprung) werden dann die Variablen für den Zeitwert $t = 0 + \Delta t$ ermittelt. Abbildung 6.23 zeigt das Lösungsgitter in der x,t-Ebene.

Das *Lax-Wendroff*-Verfahren ist ein explizites Lösungsverfahren. Für die numerische Stabilität ist daher die Einhaltung der Courant-Bedingung

$$\Delta t = \frac{\Delta x}{|v| + c}$$

von besonderer Bedeutung.

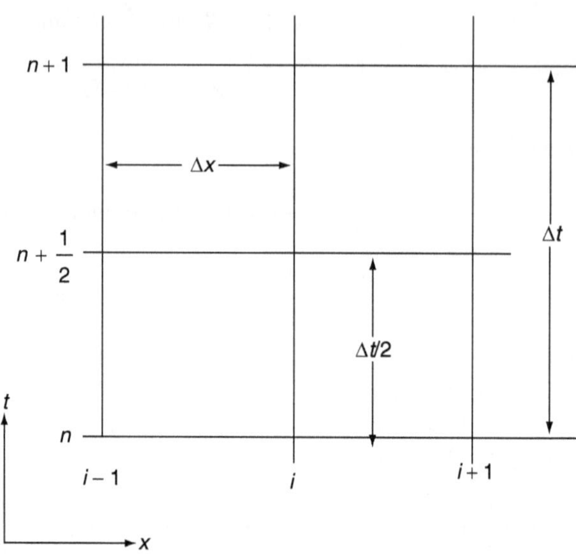

Abb. 6.23 Lösungsschema für das *Lax-Wendroff*-Verfahren

Für den ersten Schritt kann die Kontinuitätsgleichung (6.226) folgendermaßen geschrieben werden:

$$\frac{h_{i,n+\frac{1}{2}} - h_{i,n}}{\frac{\Delta t}{2}} + \frac{X_{i+1,n} - X_{i-1,n}}{2 \cdot \Delta x} = 0. \tag{6.231}$$

Daraus ergibt sich mit

$$h_{i,n} = \frac{1}{2} \cdot (h_{i+1,n} + h_{i-1,n}) \tag{6.232}$$

die Beziehung

$$h_{i,n+\frac{1}{2}} = \frac{1}{2} \cdot (h_{i+1,n} + h_{i-1,n}) - \frac{\Delta t}{4 \cdot \Delta x} \cdot (X_{i+1,n} - X_{i-1,n}). \tag{6.233}$$

Aus der Bewegungsgleichung (6.227) folgt analog:

$$X_{i,n+\frac{1}{2}} = \frac{1}{2} \cdot (X_{i+1,n} - X_{i-1,n}) - \frac{\Delta t}{4 \cdot \Delta x} \cdot (Y_{i+1,n} - Y_{i-1,n}) - \frac{\Delta t}{2} \cdot Z_{i,n}. \tag{6.234}$$

Die Ermittlung der Variablen für den Zeitwert $t = 0 + \frac{\Delta t}{2}$ beginnt am linken Rand mit $i = 0$ und $n = 0$. Aus der Vorwärtsdifferenz erhält man

$$h_{0,0+\frac{1}{2}} = h_{0,0} - \frac{\Delta t}{2 \cdot \Delta x} \cdot (X_{1,0} - X_{0,0}). \tag{6.235}$$

Aufgrund der angenommenen, festen Begrenzungswand mit $v = 0$ wird

$$X_{0,0+\frac{1}{2}} = 0. \tag{6.236}$$

Nachdem die Variablen $h_{i,0+\frac{1}{2}}$ und $X_{i,0+\frac{1}{2}}$ für alle i-Werte nach den Gl. (6.233) und (2.234) bestimmt sind, kann am rechten Rand die Randbedingung vorgegeben werden, z. B. eine Wassertiefe bei $i = i\max$ zum Zeitwert $t = 0 + \frac{\Delta t}{2}$. Die Bewegungsgleichung liefert für diesen Punkt

$$X_{i\max,0+\frac{1}{2}} = X_{i\max,0} - \frac{\Delta t}{2 \cdot \Delta x} \cdot (Y_{i\max,0} - Y_{i\max-1,0}) - \frac{\Delta t}{2} \cdot Z_{i\max,0}. \tag{6.237}$$

Aus den Definitionsgleichungen (6.223) bis (6.225) ergeben sich die weiteren Variablen für den ersten Schritt des Verfahrens, die nun für einen beliebigen Zeitwert $t = n + \frac{1}{2}$ wie folgt geschrieben werden können:

$$v_{i,n+\frac{1}{2}} = \frac{X_{i,n+\frac{1}{2}}}{h_{1,n+\frac{1}{2}}}, \tag{6.238}$$

$$Y_{i,n+\frac{1}{2}} = X_{i,n+\frac{1}{2}} \cdot v_{i,n+\frac{1}{2}} + \frac{g}{2} \cdot h^2_{i,n+\frac{1}{2}} \text{ und} \tag{6.239}$$

$$Z_{i,n+\frac{1}{2}} = \frac{v_{i,n+\frac{1}{2}} \cdot \left|v_{i,n+\frac{1}{2}}\right| \cdot g \cdot h_{i,n+\frac{1}{2}}}{k^2_{St} \cdot \left[\dfrac{b \cdot h_{i,n+\frac{1}{2}}}{2 \cdot h_{i,n+\frac{1}{2}} + b}\right]^{\frac{4}{3}}}. \tag{6.240}$$

Damit sind nun für den ersten Schritt alle Variablen für den Zeitwert $t = n + \frac{1}{2}$ bekannt.

Der zweite Schritt erfolgt von n zu $n + 1$ mit dem Zeitschritt Δt. Damit wird der erste Schritt zu einem Zwischenschritt. Die Formulierung der Kontinuitätsgleichung lautet nun

$$\frac{h_{i,n+1} - h_{i,n}}{\Delta t} + \frac{X_{i+1,n+\frac{1}{2}} - X_{i-1,n+\frac{1}{2}}}{2 \cdot \Delta x} = 0. \tag{6.241}$$

Daraus ergibt sich weiter mit

$$h_{i,n+1} = h_{i,n} - \frac{\Delta t}{2 \cdot \Delta x} \cdot \left(X_{i+1,n+\frac{1}{2}} - X_{i-1,n+\frac{1}{2}}\right) \tag{6.242}$$

und aus der Bewegungsgleichung folgt

$$X_{i,n+1} = X_{i,n} - \frac{\Delta t}{2 \cdot \Delta x} \cdot \left(Y_{i+1,n+\frac{1}{2}} - Y_{i-1,n+\frac{1}{2}}\right) - \Delta t \cdot Z_{i,n+\frac{1}{2}}. \tag{6.243}$$

Die Ermittlung der Variablen für den Zeitwert $t = n + 1$ kann wieder am linken Rand beginnen. Die Vorwärtsdifferenz liefert für die Kontinuität

$$h_{0,n+1} = h_{0,n} - \frac{\Delta t}{\Delta x} \cdot \left(X_{1,n+\frac{1}{2}} - X_{0,n+\frac{1}{2}}\right). \tag{6.244}$$

Weiter ist wieder

$$X_{0,n+1} = 0. \tag{6.245}$$

Es folgt die Ermittlung der $h_{i,n+1}$- und $X_{i,n+1}$-Werte für alle i-Punkte nach den Gl. (6.242) und (6.243). Am rechten Rand kann z. B. wieder eine neue Wassertiefe vorgegeben werden. Die Bewegungsgleichung für diesen Punkt lautet dann

$$X_{i\max,\mathrm{n}+1} = X_{i\max,\mathrm{n}} - \frac{\Delta t}{\Delta x} \cdot \left(Y_{i\max,\mathrm{n}+\frac{1}{2}} - Y_{i\max-1,\mathrm{n}+\frac{1}{2}}\right) - \Delta t \cdot Z_{i\max,\mathrm{n}+\frac{1}{2}}. \tag{6.246}$$

Die weiteren Variablen für diesen Zeitschritt erhält man wieder aus den Definitionsgleichungen ((6.223) bis (6.225)):

$$v_{i,n+1} = \frac{X_{i,n+1}}{h_{1,n+1}}, \tag{6.247}$$

$$Y_{i.n+1} = X_{i,n+1} \cdot v_{i,n+1} + \frac{g}{2} \cdot h_{i,n+1}^2 \tag{6.248}$$

und

$$Z_{i,n+1} = \frac{v_{i,n+1} \cdot \left|v_{i,n+1}\right| \cdot g \cdot h_{i,n+1}}{k_{St}^2 \cdot \left[\dfrac{b \cdot h_{i,n+1}}{2 \cdot h_{i,n+1} + b}\right]^{\frac{4}{3}}}. \tag{6.249}$$

Die Variablen für den Zeitwert $t = n + 1$ bilden nun die Ausgangswerte für die nächsten beiden Zeitschritte. Es werden dann wieder im ersten Schritt die Variablen für $t = n + 1{,}5$ und im zweiten Schritt für $t = n + 2$ bestimmt. Der Lösungsprozess kann solange fortgesetzt werden, bis ein gewünschter Zeitwert erreicht ist.

6.8.6 *Beispiel 4: Instationäre Wasserbewegung in einem Kanalabschnitt*

Ein Kanal mit einer Länge $le = 50$ m, einer Breite von $we = 10$ m und einer Wassertiefe von $h0 = 5$ m schließt am rechten Ende an einem See an und wird am linken Ende durch eine feste Wand begrenzt. Die Geschwindigkeit ist zum Zeitwert $t = 0$ überall im Kanal gleich null. Die Rauheit des Kanals wird mit dem Strickler-Beiwert $k_{St} = 60\ \mathrm{m}^{1/3}/\mathrm{s}$ eingeschätzt.

Es soll untersucht werden, wie Wasserspiegelschwingungen im See sich im Kanal fortsetzen. Die Wasserspiegelschwingungen im See sollen durch eine einfache harmonische Sinus-Schwingung in der Form

$$h(t) = h0 + am \cdot \sin(f \cdot t) \tag{6.250}$$

vorgegeben werden. Darin bezeichnet $h0$ die Ruhewassertiefe, am die Amplitude und f die Frequenz der Schwingung und t den Zeitwert. Folgende Werte werden angenommen:

$$h0 = 5\text{ m}$$
$$am = 0{,}5\text{ m}$$
$$f = 0{,}5\text{ s}^{-1}$$

Die Länge des Kanals wird mit 100 Knoten (0 bis 99) belegt, deren gleichmäßiger Abstand Δx betragen soll (vgl. Abb. 6.24).

Für die Ermittlung der instationären Wasserspiegellagen im Kanal werden die Saint-Venant-Gleichungen in der parametrischen Gruppierung herangezogen (vgl. Abschn. 6.8.5). Die Berechnung beginnt mit dem Schritt (0) zum Zeitwert $t = 0$. Dafür werden die Anfangswerte ermittelt:

$$\begin{aligned}
h_{i,0} &= h0 \\
v_{i,0} &= v0 \\
X_{i,0} &= v_{i,0} \cdot h_{i,0} \\
Y_{i,0} &= X_{i,0} \cdot v_{i,0} + \frac{g}{2} \cdot h_{i,0}^2 \\
rh_{i,0} &= \frac{h_{i,0} \cdot we}{2 \cdot h_{i,0} + we} \\
Z_{i,0} &= \frac{|v_{i,0}| \cdot v_{i,0} \cdot g \cdot h_{i,0}}{k_{St}^2 \cdot rh_{i,0}^{\frac{4}{3}}}
\end{aligned} \tag{6.251}$$

Die Anfangswerte sind in Tab. 6.11 zusammengestellt.

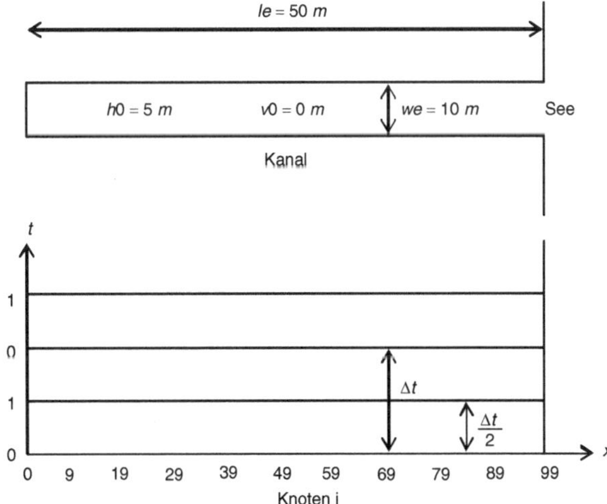

Abb. 6.24 x-t-Diagramm für die Berechnung der nichtstationären Wasserspiegellagen im Kanal

Tab. 6.11 Anfangswerte der Wasserbewegung im Kanal für die Zeit $t = 0$

Knoten	0	9	19	29	39	49	59	69	79	89	99
$h_{i,0}$	5,00	5,00	5,00	5,00	5,00	5,00	5,00	5,00	5,00	5,00	5,00
$v_{i,0}$	0	0	0	0	0	0	0	0	0	0	0
$X_{i,0}$	0	0	0	0	0	0	0	0	0	0	0
$Y_{i,0}$	122,6	122,6	122,6	122,6	122,6	122,6	122,6	122,6	122,6	122,6	122,6
$rh_{i,0}$	2,5	2,5	2,5	2,5	2,5	2,5	2,5	2,5	2,5	2,5	2,5
$Z_{i,0}$	0	0	0	0	0	0	0	0	0	0	0

Für den nächsten Zeitwert

$$t = 0 + \Delta t \tag{6.252}$$

wird dann aus der Courant-Bedingung die Größe des Zeitschrittes Δt ermittelt. Dafür wird die maximale absolute Wellengeschwindigkeit an den Knoten gesucht:

$$v_{w,\max} = \left|v_{i,0}\right| + \sqrt{g \cdot h_{i,0}} = 7{,}004 \text{ m/s}. \tag{6.253}$$

Daraus folgt

$$\Delta t_{\max} = \frac{\Delta x}{v_{w,\max}} = 0{,}072 \text{ s}. \tag{6.254}$$

Um die numerische Stabilität nicht zu gefährden, wird dann zur Sicherheit mit einem kleineren Δt-Wert gerechnet, z. B. mit

$$\Delta t = 0{,}6 \cdot \Delta t_{\max} = 0{,}043 \text{ s}. \tag{6.255}$$

Zur Vereinfachung wird im Folgenden für den Zeitbezug der Variablen für den Zwischenschritt zum Zeitwert

$$t = t + \frac{\Delta t}{2} \tag{6.256}$$

der Index „1“ und für den vollständigen Zeitschritt

$$t = t + \Delta t \tag{6.257}$$

der Index „0“ geschrieben.

Zwischenschritt (1) Die Berechnungen für den ersten Zwischenschritt erfolgen für den Zeitwert

$$t = 0 + \frac{\Delta t}{2} = 0{,}0215 \text{ s}.$$

Für diesen Zeitwert erhält man am linken Rand ($i = 0$) aus Gl. (6.235)

$$h_{0,1} = h_{0,0} - \frac{1}{2} \cdot \frac{\Delta t}{\Delta x} \cdot (X_{1,0} - X_{0,0}), \quad (6.258)$$
$$h_{0,1} = h0.$$

Da die Geschwindigkeit an der Begrenzungswand immer null bleibt, wird

$$X_{0,1} = 0. \quad (6.259)$$

Für die Knoten $i = 1$ *bis* 98 folgt aus Gl. (6.233)

$$h_{i,1} = \frac{h_{i-1,0} - h_{i+1,0}}{2} - \frac{1}{4} \cdot \frac{\Delta t}{\Delta x} \cdot (X_{i+1,0} - X_{i-1,0}) \quad (6.260)$$

mit $h_{i,1} = 5,0$ für alle Knoten i.

Aus Gl. (6.234) ergibt sich

$$X_{i,1} = \frac{X_{i+1,0} + X_{i-1,0}}{2} - \frac{1}{4} \cdot \frac{\Delta t}{\Delta x} \cdot (Y_{i+1,0} - Y_{i-1,0}) - \frac{\Delta t}{2} \cdot Z_{i,0} \quad (6.261)$$

mit $X_{i,1} = 0$ für alle Knoten i.

Am rechten Rand ($i = i\max$) erhält man

$$h_{i\max,1} = h0 + am \cdot \sin(f \cdot t), \quad (6.262)$$

$$h_{i\max,1} = 5{,}00541 \text{ m}$$

und

$$X_{i\max,1} = X_{i\max,0} - \frac{1}{2} \cdot \frac{\Delta t}{\Delta x} \cdot \left(Y_{i\max,0} - Y_{i\max-1,0}\right) - \frac{\Delta t}{2} \cdot Z_{i\max,0}, \quad (6.263)$$
$$X_{i\max,1} = 0.$$

Setzt man nun die ermittelten Werte für den Zwischenschritt (1) in die Definitionsgleichungen (6.251) ein, so erhält man die Variablen für diesen Zeitwert, die nun für die Ermittlung der Variablen für den Zeitschritt (0) herangezogen werden können.

Zeitschritt (0) Der Zeitwert für diesen Schritt beträgt

$$t = t + \Delta t = 0{,}043 \text{ s}.$$

Am linken Rand ($i = 0$) ergibt sich nun aus Gl. (6.244)

$$h_{0,0} = h_{0,0} - \frac{\Delta t}{\Delta x} \cdot (X_{1,1} - X_{0,1}). \quad (6.264)$$

Im ersten Iterationszyklus am Beginn der Simulationsberechnung wird

$$h_{0,0} = h0.$$

Die Variable X ist dagegen an dieser Stelle immer

$$X_{0,0} = 0.$$

Für die anderen Knoten folgt aus Gl. (6.242)

$$h_{i,0} = h_{i,0} - \frac{\Delta t}{2 \cdot \Delta x} \cdot (X_{i+1,1} - X_{i-1}) \tag{6.265}$$

bzw. aus Gl. (6.243)

$$X_{i,0} = X_{i,0} - \frac{\Delta t}{2 \cdot \Delta x} \cdot (Y_{i+1,1} - Y_{i-1,1}) - \Delta t \cdot Z_{i,1}. \tag{6.266}$$

Im ersten Iterationszyklus wird

$$h_{i,0} = h0 \quad \text{und} \quad X_{i,0} = 0.$$

Am rechten Rand ($i = i\text{max}$) wird die Wassertiefe mit dem neuen Zeitwert t bestimmt. Es ergibt sich

$$h_{i\text{max},0} = h0 + am \cdot \sin(f \cdot t). \tag{6.267}$$

Außerdem folgt aus Gl. (6.246)

$$X_{i\text{max},0} = X_{i\text{max},0} - \frac{\Delta t}{\Delta x} \cdot (Y_{i\text{max},1} - Y_{i\text{max}-1,1}) - \Delta t \cdot Z_{i\text{max},1}. \tag{6.268}$$

Im betrachteten Beispiel wird

$$h_{i\text{max},0} = 5{,}01082 \text{ m} \quad \text{und} \quad X_{i\text{max}} = 0.$$

Aus den ermittelten Werten können nun wieder mit den Definitionsgleichungen die Variablen für den Zeitschritt (0) bestimmt werden, die wieder als Ausgangswerte für den folgenden Zwischenschritt (1) dienen. Im Iterationszyklus werden also die Variablen immer abwechselnd für den Zeitschritt (0) und den Zwischenschritt (1) bestimmt, bis der vorgegebene Zeitwert t erreicht ist.

Das Beispiel ist in dem beigefügten Programm „SaintVenant" programmiert (vgl. auch Kap. 10). Anhang 7/1 zeigt die Anfangswerte und Anhang 7/2 zeigt die berechneten Ergebnisse und die Wasserspiegellage im Kanal nach 15,7 s.

Kapitel 7
Galerkin-Methode

7.1 Kennzeichnung der Methode

Die Galerkin-Methode gehört zu den numerischen Lösungsverfahren, die von einem Lösungsansatz für die gesuchten Größen ausgehen. Die Größen werden dabei von endlichen Reihen approximiert, die nach einer bestimmten Anzahl von Reihengliedern abgebrochen werden, wenn die gewünschte Genauigkeit erreicht werden kann. Die Entwicklung der Methode geht auf den russischen Mathematiker Boris Grigorjewitsch Galjorkin (1871 – 1945) zurück.

Zur Beschreibung der Methode soll zunächst für eine gesuchte Größe die Funktion $g(x, y, z)$ eingeführt werden, die von den Raumkoordinaten x, y und z abhängt. Die gesuchte Größe kann z. B. für eine abhängige Größe der Navier-Stokes-Gleichungen in einem Differentialoperator L in der Form

$$L(x, y, z, g, g', g'') = 0 \tag{7.1}$$

stehen. Diese Gleichung bringt zum Ausdruck, dass zwischen den unabhängigen Variablen x, y und z sowie der abhängigen Größe g, ihrer ersten Ableitung g' und der zweiten Ableitung g'' nach den unabhängigen Variablen eine Beziehung besteht, die gleich Null gesetzt werden kann. Für die Navier-Stokes-Gleichung in x-Richtung würde man z. B. mit der formalisierten Schreibweise

$$L\left[x, y, z, \frac{\partial v_x}{\partial x}, \frac{\partial v_x}{\partial y}, \frac{\partial v_x}{\partial z}, \frac{\partial^2 v_x}{\partial x^2}, \frac{\partial^2 v_x}{\partial y^2}, \frac{\partial^2 v_x}{\partial z^2}\right] = 0 \tag{7.2}$$

erhalten.

Das Prinzip des Verfahrens besteht nun darin, dass für die gesuchte Funktion $g(x, y, z)$ ein Lösungsansatz in Form einer endlichen Reihe gesucht wird, der die Randbedingungen von $g(x, y, z)$ erfüllt und aus Koeffizienten und Funktionen besteht:

$$g(x, y, z) \approx \sum_{i=1}^{N} c_i \cdot F_i(x, y, z). \tag{7.3}$$

Im Ansatz (7.3) bezeichnen c_i die Koeffizienten und F_i die Ansatzfunktionen. Da für N nur eine praktisch handhabbare Anzahl von Gliedern gewählt werden kann, wird

DOI 10.1007/978-3-642-17208-3_7,

mit dem Ansatz die Funktion $g(x, y, z)$ approximiert, aber nicht exakt dargestellt. Setzt man diesen Ansatz in die Ausgangsdifferentialgleichung ein, die auch durch den Differentialoperator L ausgedrückt werden kann, so erhält man

$$L\left[x, y, z, \sum_{i=1}^{N} c_i \cdot F_i(x, y, z), \sum_{i=1}^{N} c_i \cdot F_i'(x, y, z), \sum_{i=1}^{N} c_i \cdot F_i''(x, y, z)\right] = R \neq 0. \tag{7.4}$$

In dieser Gleichung steht R für den Fehler, der durch den Nährungsansatz für die Funktion $g(x, y, z)$ entsteht. Dieser Fehler wird als *Residuum* bezeichnet.

Das Ziel besteht nun darin, die Koeffizienten c_i so zu bestimmen, dass das Residuum möglichst klein wird. Dieses Ziel wird erreicht, indem das Residuum mit einer Gewichtsfunktion multipliziert und gefordert wird, dass das über dem Definitionsbereich gemittelte Residuum zu null wird. Das Galerkin-Verfahren verwendet als Gewichtsfunktion die Ansatzfunktion F_j. Damit lautet die Forderung

$$\int_V R \cdot F_j \cdot dV = 0. \tag{7.5}$$

Da $F_j \neq 0$ in Gl. (7.5) ist, muss in diesem Ausdruck $R = 0$ sein. Setzt man R aus Gl. (7.4) ein, so erhält man die Galerkin-Gleichung in der Form

$$\int_V L\left(x, y, z, \sum_{i=1}^{N} c_i \cdot F_i(x, y, z), \sum_{i=1}^{N} c_i \cdot F_i'(x, y, z). \sum c_i \cdot F_i''(x, y, z)\right) \cdot F_j \cdot dV = 0. \tag{7.6}$$

Aus Gl. (7.6) ergibt sich ein System von N algebraischen Gleichungen, aus denen die unbekannten Koeffizienten c_i mit den Methoden der linearen Algebra bestimmt werden können. Setzt man dann die ermittelten Koeffizienten c_i in den Ansatz für $g(x, y, z)$ in Gl. (7.3) ein, so erhält man die Nährungslösung für die gesuchte Funktion $g(x, y, z)$.

Bei der Auswahl der Ansatzfunktionen ist zu beachten, dass die Randbedingungen exakt erfüllt werden und dass höhere Ableitungen gebildet werden können. In vielen Fällen eignen sich trigonometrische Funktionen als Ansatzfunktionen. Wenn geeignete Ansatzfunktionen für ein Strömungsproblem gefunden werden können, erweist sich das Galerkin-Verfahren als sehr genau und leistungsfähig.

7.2 Beispiel 5: Geschwindigkeitsprofil der zähen Spaltströmung mit der Galerkin-Methode

Im Folgenden soll die laminare Strömung in einem Spalt konstanter Breite mit dem Galerkin-Verfahren als ebenes Problem gelöst werden (Abb. 7.1).

Abb. 7.1 Strömung in einem Spalt mit der Breite $b = 2 \cdot y_0$

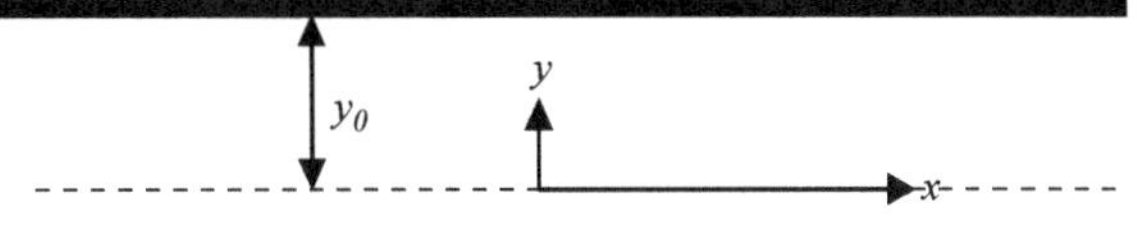

Die Strömung erfolgt in dem Spalt in x-Richtung mit $v_x(y)$. An den Rändern ist

$$v_x(y_0) = v_x(-y_0) = 0$$

(Haftbedingung). Da nur Geschwindigkeitskomponenten in x-Richtung existieren, wird im Weiteren $v = v_x$ gesetzt.

Für eine stationäre inkompressible Strömung in dem Spalt konstanter Breite ergibt sich aus der Navier-Stokes-Gleichung (2.41)

$$0 = -\frac{1}{\rho} \cdot \frac{dp}{dx} + \frac{d^2 v}{dy^2} \cdot \nu. \tag{7.7}$$

Mit den dimensionslosen Größen (Oertel und Böhle 2010)

$$\bar{v} = v \cdot \left(-\frac{\nu \cdot \rho}{\frac{dp}{dx} \cdot y_0^2} \right) = v \cdot a \tag{7.8}$$

und

$$\bar{y} = \frac{y}{y_0} \tag{7.9}$$

erhält man

$$\frac{d\bar{v}}{d\bar{y}} = \frac{d\bar{v}}{dv} \cdot \frac{dv}{dy} \cdot \frac{dy}{d\bar{y}} = \frac{a}{y_0} \cdot \frac{dv}{dy} \tag{7.10}$$

bzw.

$$\frac{d^2 v}{dy^2} = \frac{y_0}{a} \cdot \frac{d^2 \bar{v}}{d\bar{y} \cdot dy} \cdot \frac{dy}{d\bar{y}} \cdot \frac{d\bar{y}}{dy} \tag{7.11}$$

und mit

$$\frac{d\bar{y}}{dy} = y_0 \tag{7.12}$$

ergibt sich

$$\frac{y_0^2}{a} \cdot \frac{d^2 \bar{v}}{d\bar{y}^2} - \frac{1}{\rho \cdot \nu} \cdot \frac{dp}{dx} = 0 \tag{7.13}$$

bzw.

$$\frac{d^2\bar{v}}{d\bar{y}^2} + 1 = 0. \tag{7.14}$$

Die Lösung der ermittelten Differentialgleichung (7.14) soll nun mit dem Ansatz

$$\bar{v} = \sum_{i=0}^{N} c_i \cdot F_i \tag{7.15}$$

erfolgen. Die auszuwählende Ansatzfunktion muss die Randbedingungen

$$\bar{v}(\bar{y} = +1) = 0 \quad \text{und} \quad \bar{v}(\bar{y} = -1) = 0$$

erfüllen (vgl. Abb. 6.26) und differenzierbar sein. Wird z. B. eine Cosinusfunktion gewählt, so können die Randbedingungen mit der folgenden Formulierung erfüllt werden (Örtel 1999):

$$F_i = \cos\left((1 + 2 \cdot i) \cdot \frac{\pi}{2} \cdot \bar{y}\right) \tag{7.16}$$

mit $i = 0, 1, 2, 3, 4, \ldots$

Man erkennt, dass für $\bar{y} = +1$ und $\bar{y} = -1$ für die einzelnen i-Werte das Argument der Funktion immer ein ungerades Vielfaches von $\frac{\pi}{2}$ ergibt, bei dem die Cosinusfunktion Null ist. Mit der gewählten Ansatzfunktion ergibt sich weiter

$$\frac{d\bar{v}}{d\bar{y}} = -\sum c_i \cdot \sin\left((1 + 2 \cdot i) \cdot \frac{\pi}{2} \cdot \bar{y}\right) \cdot (1 + 2 \cdot i) \cdot \frac{\pi}{2} \tag{7.17}$$

und

$$\frac{d^2\bar{v}}{d\bar{y}^2} = -\sum_{i=0}^{N} c_i \cdot (1 + 2 \cdot i)^2 \cdot \left(\frac{\pi}{2}\right)^2 \cdot \cos\left((1 + 2 \cdot i) \cdot \frac{\pi}{2} \cdot \bar{y}\right) \tag{7.18}$$

mit $i = 0, 1, 2, 3, 4.$

Durch das Einsetzen der mit der Ansatzfunktion gebildeten endlichen Reihe (7.19) mit $N = 4$ in die zu lösende Differentialgleichung (7.14) ergibt sich das Residuum zu

$$R = -\sum_{i=0}^{N} c_i \cdot (1 + 2 \cdot i)^2 \cdot \left(\frac{\pi}{2}\right)^2 \cdot \cos\left((1 + 2 \cdot i) \cdot \frac{\pi}{2} \cdot y\right) + 1. \tag{7.19}$$

Die Wichtung des Residuums mit den Funktionen F_j führt schließlich zur Galerkin-Gleichung

$$\int_{-1}^{+1} R \cdot \cos(1 + 2 \cdot j) \cdot \frac{\pi}{2} \cdot \bar{y} \cdot d\bar{y} = 0 \tag{7.20}$$

mit $j = 0.1.2.3.4.$

Aus Gl. (7.21) folgt weiter

$$\int_{-1}^{+1} \left[-c_0 \cdot \left(\frac{\pi}{2}\right)^2 \cdot \cos\left(\frac{\pi}{2} \cdot \bar{y}\right) - c_1 \cdot 9 \cdot \left(\frac{\pi}{2}\right)^2 \cdot \cos\left(3 \cdot \frac{\pi}{2} \cdot \bar{y}\right) - c_2 \cdot 25 \cdot \left(\frac{\pi}{2}\right)^2 \right.$$
$$\cdot \cos\left(5 \cdot \frac{\pi}{2} \cdot \bar{y}\right) - c_3 \cdot 49 \cdot \left(\frac{\pi}{2}\right)^2 \cdot \cos\left(7 \cdot \frac{\pi}{2} \cdot \bar{y}\right) - c_4 \cdot 81 \cdot \left(\frac{\pi}{2}\right)^2$$
$$\left. \cdot \cos\left(9 \cdot \frac{\pi}{2} \cdot \bar{y}\right) + 1 \right] \cdot \cos\left((1 + 2 \cdot j) \cdot \frac{\pi}{2} \cdot \bar{y}\right) \cdot d\bar{y} = 0. \tag{7.21}$$

Auf der Grundlage des Produktes von zwei Cosinusfunktionen

$$\cos(\alpha) \cdot \cos(\beta) = \frac{1}{2} \cdot [\cos(\alpha - \beta) + \cos(\alpha + \beta)]$$

und der Integration erhält man für das algebraische Gleichungssystem:

$$- c_0 \cdot \frac{1}{8} \cdot \pi \cdot \left(\frac{\sin(\pi \cdot (0 - j))}{0 - j} + \frac{\sin(\pi \cdot (1 + j))}{1 + j} \right.$$
$$\left. - \frac{\sin(-\pi \cdot (0 - j))}{0 - j} - \frac{\sin(-\pi \cdot (1 + j))}{1 + j} \right)$$
$$- c_1 \cdot \frac{9}{8} \cdot \pi \cdot \left(\frac{\sin(\pi \cdot (1 - j))}{1 - j} + \frac{\sin(\pi \cdot (2 + j))}{2 + j} - \frac{\sin(-\pi \cdot (1 - j))}{1 - j} \right.$$
$$\left. - \frac{\sin(-\pi \cdot (2 + j))}{2 + j} \right)$$
$$- c_2 \cdot \frac{25}{8} \cdot \pi \cdot \left(\frac{\sin(\pi \cdot (2 - j))}{2 - j} + \frac{\sin(\pi \cdot (3 + j))}{3 + j} - \frac{\sin(-\pi \cdot (2 - j))}{2 - j} \right.$$
$$\left. - \frac{\sin(-\pi \cdot (3 + j))}{3 + j} \right)$$
$$- c_3 \cdot \frac{49}{8} \cdot \pi \cdot \left(\frac{\sin(\pi \cdot (3 - j))}{3 - j} + \frac{\sin(\pi \cdot (4 + j))}{4 + j} - \frac{\sin(-\pi \cdot (3 - j))}{3 - j} \right.$$
$$\left. - \frac{\sin(-\pi \cdot (4 + j))}{4 + j} \right)$$
$$- c_4 \cdot \frac{81}{8} \cdot \pi \cdot \left(\frac{\sin(\pi \cdot (4 - j))}{4 - j} + \frac{\sin(\pi \cdot (5 + j))}{5 + j} - \frac{\sin(-\pi \cdot (4 - j))}{4 - j} \right.$$
$$\left. - \frac{\sin(-\pi \cdot (5 + j))}{5 + j} \right)$$
$$= - \frac{\sin\left(\frac{\pi}{2} \cdot (1 + 2 \cdot j)\right)}{(1 + 2 \cdot j) \cdot \frac{\pi}{2}} + \frac{\sin\left(-\frac{\pi}{2} \cdot (1 + 2 \cdot j)\right)}{(1 + 2 \cdot j) \cdot \frac{\pi}{2}} \quad \text{mit} \quad j = 0,1,2,3,4. \tag{7.22}$$

Aus der Gl. (7.23) lassen sich nun für den Zähler $j = 0, 1, 2, 3, 4$ fünf lineare Gleichungen ableiten, die in allgemeiner Form geschrieben werden können:

$$\begin{aligned} a_{00} \cdot c_0 + a_{01} \cdot c_1 + a_{02} \cdot c_2 + a_{03} \cdot c_3 + a_{04} \cdot c_4 &= b_0 \\ a_{10} \cdot c_0 + a_{11} \cdot c_1 + a_{12} \cdot c_2 + a_{13} \cdot c_3 + a_{14} \cdot c_4 &= b_1 \\ a_{20} \cdot c_0 + a_{21} \cdot c_1 + a_{22} \cdot c_2 + a_{23} \cdot c_3 + a_{24} \cdot c_4 &= b_2 \\ a_{30} \cdot c_0 + a_{31} \cdot c_1 + a_{32} \cdot c_2 + a_{33} \cdot c_3 + a_{34} \cdot c_4 &= b_3 \\ a_{40} \cdot c_0 + a_{41} \cdot c_1 + a_{42} \cdot c_2 + a_{43} \cdot c_3 + a_{44} \cdot c_4 &= b_4 \end{aligned} \tag{7.23}$$

Von dem System (7.24) ist nur die Hauptdiagonale besetzt. Alle anderen Koeffizienten a_{ij} ergeben sich zu null. Für die Koeffizienten der Hauptdiagonale erhält man zwei unbestimmte Ausdrücke (0/0), für die nach der Regel von l'Hospital jeweils der Wert π bestimmt wird. Für die Koeffizienten c_i ergibt sich somit

$$c_0 = \frac{b_0}{a_{00}} = \frac{-1{,}273}{-2 \cdot \pi^2} \cdot 8 = 0{,}516$$

$$c_1 = \frac{b_1}{a_{11}} = \frac{0{,}424}{-22{,}207} = -0{,}019$$

$$c_2 = \frac{b_2}{a_{22}} = \frac{-0{,}255}{-61{,}685} = 4{,}134 \cdot 10^{-3}$$

$$c_3 = \frac{b_3}{a_{33}} = \frac{0{,}182}{-120{,}903} = -1{,}505 \cdot 10^{-3}$$

$$c_4 = \frac{b_4}{a_{44}} = \frac{-0{,}141}{-199{,}859} = 7{,}055 \cdot 10^{-4}$$

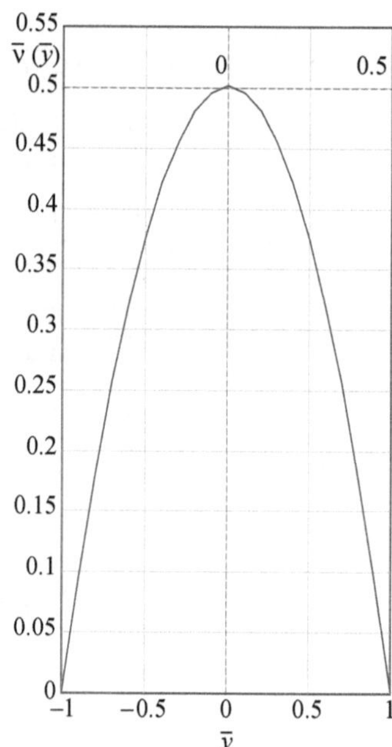

Abb. 7.2 Darstellung der Geschwindigkeitsverteilung $\bar{v}(\bar{y})$

Damit kann die Lösung der Differentialgleichung in der Form

$$\bar{v}(\bar{y}) = \sum_{i=0}^{N=4} c_i \cdot \cos\left(\bar{y} \cdot \frac{\pi}{2} \cdot (1 + 2 \cdot i)\right) \tag{7.24}$$

geschrieben werden. Die Geschwindigkeitsverteilung entspricht einer typisch zähen, laminaren Strömung (vgl. Abb. 7.2).

Kapitel 8
Finite-Volumen-Methode

8.1 Beschreibung der Finite-Volumen-Methode

Bei der Finite-Volumen-Methode wird das Integrationsgebiet mit einem numerischen Netz diskretisiert und die Erhaltungsgleichungen werden über dem Volumenelement (Kontrollvolumen) in integraler Form erfüllt. Die beliebig wählbare Geometrie des durchströmten Volumens ermöglicht eine exakte Abbildung von komplexen Strömungen und ermöglicht einen großen Spielraum von Diskretisierungsschemata.

Als Beispiel soll die Transportgleichung (2.11) für den Fremdstoff- und Energietransport betrachtet werden:

$$\frac{\partial C}{\partial t} + v_x \cdot \frac{\partial C}{\partial x} + v_y \cdot \frac{\partial C}{\partial y} + v_z \cdot \frac{\partial C}{\partial z} = \delta \cdot \left(\frac{\partial^2 C}{\partial x^2} + \frac{\partial^2 C}{\partial y^2} + \frac{\partial^2 C}{\partial z^2} \right) + S_c \tag{8.1}$$

mit $\rho = const.$

Darin bezeichnet C z. B. die Konzentration eines Stoffes im Wasser und S_c eine Quelle oder Senke der Konzentration. Die Integration dieser Gleichung über ein finites Kontrollvolumen (CV) bildet den Grundschritt für die Approximation mittels der Finite-Volumen-Methode:

$$\begin{aligned} &\int\limits_{CV} \frac{\partial C}{\partial t} \cdot dV + \int\limits_{CV} \left(v_x \cdot \frac{\partial C}{\partial x} + v_y \cdot \frac{\partial C}{\partial y} + v_z \cdot \frac{\partial C}{\partial z} \right) \cdot dV \\ &= \int\limits_{CV} \delta \cdot \left(\frac{\partial^2 C}{\partial x^2} + \frac{\partial^2 C}{\partial y^2} + \frac{\partial^2 C}{\partial z^2} \right) \cdot dV + \int\limits_{CV} S_c \cdot dV. \end{aligned} \tag{8.2}$$

Der Integralsatz von Gauß

$$\int\limits_{CV} div\, \vec{a} \cdot dV = \int\limits_{A} \vec{n} \cdot \vec{a} \cdot dA \tag{8.3}$$

besagt in allgemeiner Form, dass der skalare Fluss eines Feldes $\vec{a}$ durch eine geschlossene Fläche A gleich dem Integral der Divergenz von $\vec{a}$ über das von A

H. Martin, *Numerische Strömungssimulation in der Hydrodynamik*,
DOI 10.1007/978-3-642-17208-3_8,

eingeschlossene Volumen CV ist. Das heißt mit anderen Worten, dass alles, was in einen Raum hinein oder aus ihm heraus fließt, durch die das Raumgebiet umschließende Oberfläche erfolgen muss. Mit diesem Satz kann nun das zweite Integral auf der linken Seite von Gl. (8.2), der konvektive Term, und das erste Integral auf der rechten Seite von Gl. (8.2), der diffuse Term, in ein Oberflächenintegral umgewandelt werden. Dabei bezeichnet $\vec{n}$ den Normalvektor der Oberfläche des Kontrollvolumens CV. Man erhält

$$\frac{\partial}{\partial t}\left(\int_{CV} C \cdot dV\right) + \int_{A} \vec{n} \cdot (\vec{v} \cdot C) \cdot dA = \int_{A} \vec{n} \cdot (\delta \cdot grad\ C) \cdot dA + \int_{CV} S_c \cdot dV. \tag{8.4}$$

Diese Gleichung bringt zum Ausdruck, dass die Änderung der Zustandsgröße C innerhalb des Kontrollvolumens und die Rate des Flusses von C infolge der Konvektion durch die Oberfläche des Kontrollvolumens gleich der Rate des Flusses von C infolge der Diffusion durch die Oberfläche des Kontrollvolumens und der Rate der Änderung von C aufgrund von Quellen und Senken im Kontrollvolumen ist. Die Gl. (8.4) drückt somit die Erhaltung der Feldgröße C für ein Kontrollvolumen aus.

Instationäre Probleme des in Gl. (8.4) beschriebenen Strömungsprozesses können durch das Integrieren über ein Zeitintervall Δt erfasst werden. Für diesen Fall folgt aus Gl. (8.4)

$$\int_{t}^{t+\Delta t} \frac{\partial}{\partial t}\left(\int_{CV} C \cdot dV\right) \cdot dt + \int_{t}^{t+\Delta t}\int_{A} \vec{n} \cdot (\vec{v} \cdot C) \cdot dA \cdot dt$$
$$= \int_{t}^{t+\Delta t}\int_{A} \vec{n} \cdot (\delta \cdot grad\ C) \cdot dA \cdot dt + \int_{t}^{t+\Delta t}\int_{CV} S_c \cdot dV \cdot dt. \tag{8.5}$$

8.2 Beispiel 5: Diffusion

Im Folgenden soll die Auswertung der Gl. (3.4) für ein eindimensionales Beispiel anhand des Diffusionsausdruckes gezeigt werden. Die Reduzierung dieser Gleichung auf die stationäre Diffusion führt zur Integralgleichung

$$\int_{A} \vec{n} \cdot (\delta \cdot grad\ C) \cdot dA = 0, \tag{8.6}$$

die den diffusiven Austausch über die Randflächen des Kontrollvolumens beschreibt (Abed 2007).

Das Gebiet, in dem der diffusive Austausch stattfindet, wird dafür in finite Kontrollvolumina zerlegt, die das Gebiet vollständig ohne Überschneidungen ausfüllen.

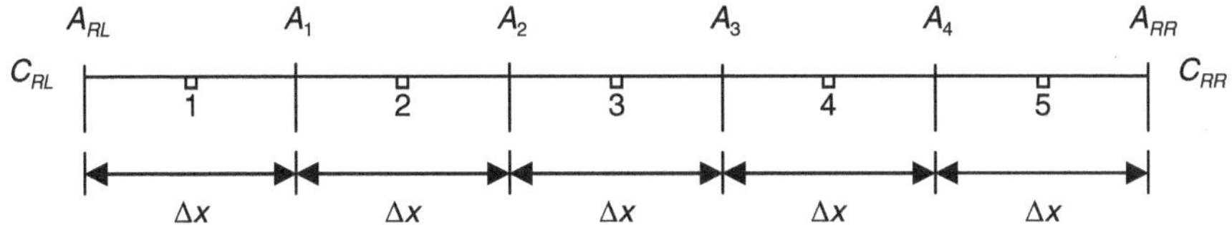

Abb. 8.1 Eindimensionale Gebietszerlegung in fünf Kontrollvolumina

Am Rand des Gebietes sollen die Grenzen der Kontrollvolumina mit den Gebietsgrenzen zusammenfallen. Es werden fünf gleich große Kontrollvolumina betrachtet (Abb. 8.1).

Ein Bezugspunkt G im Schwerpunkt des Kontrollvolumens repräsentiert das Kontrollvolumen. Diesem Punkt wird die Feldgröße im Kontrollvolumen zugeordnet. Da im betrachteten Beispiel die Diffusion nur über die rechte und linke Randfläche eines Kontrollvolumens erfolgen kann, muss das Integral der Gl. (8.6) nur über diese beiden Randflächen A_i bestimmt werden.

Die Approximation des Integrals für ein Kontrollvolumen mit $\vec{n} = (1)$ führt damit zu

$$\sum_{i=1}^{2} \vec{n}_i \cdot (\delta \cdot grad\ C) \cdot A_i = 0 \tag{8.7}$$

(vgl. Abb. 8.2).

Mit den bisher getroffenen Voraussetzungen, z. B. dass die Feldgröße dem Bezugspunkt im Kontrollvolumen zugeordnet wird, kann der Gradient von C über die Entfernung der Bezugspunkte bestimmt werden. Es ergibt sich

$$grad\ C = \frac{C_i - C_G}{\Delta x_i}. \tag{8.8}$$

Darin bezeichnet

C_i die Feldgröße im benachbarten Bezugspunkt,
C_G die Feldgröße im Bezugspunkt des betrachteten Kontrollvolumens und
Δx_i die Entfernung zwischen zwei Bezugspunkten.

Auf der Grundlage der Gl. (8.8) und den beiden Randwerten der Konzentration C_{RL} und C_{RR} erhält man für die stationäre Diffusion für die fünf Kontrollvolumina das

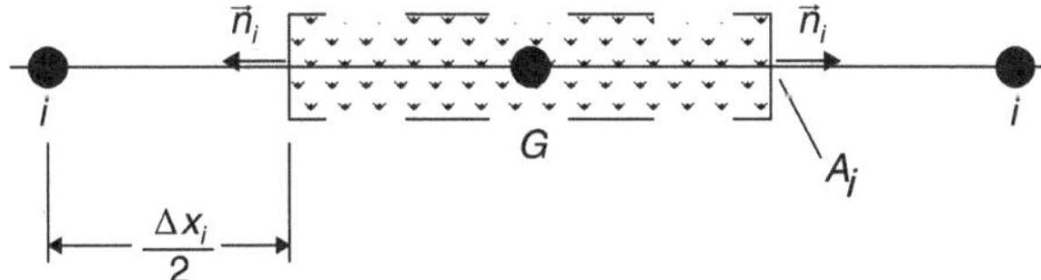

Abb. 8.2 Eindimensionales Kontrollvolumen

folgende diskrete Gleichungssystem:

$$\left(\delta \cdot \frac{C_{RL} - C_1}{\Delta x/2}\right) \cdot A_{RL} + \left(\delta \cdot \frac{C_2 - C_1}{\Delta x}\right) \cdot A_1 = 0 \tag{8.9}$$

$$\left(\delta \cdot \frac{C_1 - C_2}{\Delta x}\right) \cdot A_1 + \left(\delta \cdot \frac{C_3 - C_2}{\Delta x}\right) \cdot A_2 = 0 \tag{8.10}$$

$$\left(\delta \cdot \frac{C_2 - C_3}{\Delta x}\right) \cdot A_2 + \left(\delta \cdot \frac{C_4 - C_3}{\Delta x}\right) \cdot A_3 = 0 \tag{8.11}$$

$$\left(\delta \cdot \frac{C_3 - C_4}{\Delta x}\right) \cdot A_3 + \left(\delta \cdot \frac{C_5 - C_4}{\Delta x}\right) \cdot A_4 = 0 \tag{8.12}$$

$$\left(\delta \cdot \frac{C_4 - C_5}{\Delta x}\right) \cdot A_4 + \left(\delta \cdot \frac{C_{RR} - C_5}{\Delta x/2}\right) \cdot A_{RR} = 0 \tag{8.13}$$

Das so erhaltene lineare Gleichungssystem lautet schließlich in Matrixschreibweise

$$\begin{vmatrix} -\frac{2 \cdot A_{RL} + A_1}{\Delta x} & \frac{A_1}{\Delta x} & 0 & 0 & 0 \\ \frac{A_1}{\Delta x} & -\frac{A_1 + A_2}{\Delta x} & \frac{A_2}{\Delta x} & 0 & 0 \\ 0 & \frac{A_2}{\Delta x} & -\frac{A_2 + A_3}{\Delta x} & \frac{A_3}{\Delta x} & 0 \\ 0 & 0 & \frac{A_3}{\Delta x} & -\frac{A_3 + A_4}{\Delta x} & \frac{A_4}{\Delta x} \\ 0 & 0 & 0 & \frac{A_4}{\Delta x} & -\frac{A_4 + 2 \cdot A_{RR}}{\Delta x} \end{vmatrix}$$

$$\times \begin{vmatrix} C_1 \\ C_2 \\ C_3 \\ C_4 \\ C_5 \end{vmatrix} = \begin{vmatrix} -\frac{2 \cdot A_{RL}}{\Delta x} \cdot C_{RL} \\ 0 \\ 0 \\ 0 \\ -\frac{2 \cdot A_{RR}}{\Delta x} \cdot C_{RR} \end{vmatrix} \tag{8.14}$$

Infolge der tridiagonalen Struktur kann das System z. B. mit dem Thomas-Algorithmus (vgl. Anhang 2) ohne Schwierigkeiten gelöst werden.

8.3 Diskrete Gebietszerlegung zur Bildung der Kontrollvolumina

Die Finite-Volumen-Methode benötigt einen leistungsfähigen Algorithmus, um ein komplexes Strömungsgebiet in geeignete Kontrollvolumina zu zerlegen, die lückenlos aneinander grenzen und sich nicht überschneiden. Es stehen dafür strukturierte und unstrukturierte Zerlegungsverfahren zur Verfügung. Die strukturierte Zerlegung ist dadurch gekennzeichnet, dass die Grenzen der Kontrollvolumina parallel zu den Koordinatenachsen verlaufen und für ein Kontrollvolumen die Anzahl der benachbarten Volumina immer gleich ist (z. B. Rechteckgitter). Eine unstrukturierte Zerlegung weist diese Eigenschaften nicht auf. Man unterscheidet außerdem *Cell-centered-* und *Cell-vertex-Methoden.* Bei der Cell-centered-Methode werden die Bezugspunkte, denen die Feldgrößen zugeordnet werden, innerhalb der Kontrollvolumina, z. B. in den Schwerpunkten, angeordnet (Abb. 8.3a). In der cell-vertex Methode werden dagegen die Bezugspunkte auf die Eckpunkte der Gebietszerlegung gelegt und die Kontrollvolumina um diese Eckpunkte gebildet (Abb. 8.3b).

Im Weiteren soll die unstrukturierte, Cell-centered-Methode verfolgt werden. Für diese Zerlegung eignen sich besonders Thiessen-Polygone, Voronoi-Diagramme und die Drichlet-Zerlegung. Diese Verfahren bezeichnen die Zerlegung eines Raumes in Regionen, die durch eine vorgegebene Menge an Punkten im Raum, die Bezugspunkte, bestimmt wird. Jede Region enthält einen Bezugspunkt und gleichzeitig alle Punkte des Raumes, die in Bezug auf die euklidische Metrik näher am Bezugspunkt der Region liegen als zu den anderen Bezugspunkten. Eine solche Region wird auch als Voronoi-Region bezeichnet. Die gemeinsamen Punkte zweier Voronoi-Regionen, die den gleichen Abstand zu den Bezugspunkten der Regionen haben, bilden die Voronoi-Grenzen. Zwei Regionen sind also benachbart, wenn sie eine gemeinsame Voronoi-Grenze haben. Die Schnittpunkte der Voronoi-Grenzen bilden die Voronoi-Knoten. Jeder Voronoi-Knoten bildet den Mittelpunkt einer Voronoi-Kugel, auf deren Oberfläche die Bezugspunkte der zum Voronoi-Knoten gehörenden Voronoi-Regionen liegen. Die konvexe Hülle dieser Bezugspunkte wird als Voronoi- oder Delaunay-Simplex bezeichnet (Lützel 2009).

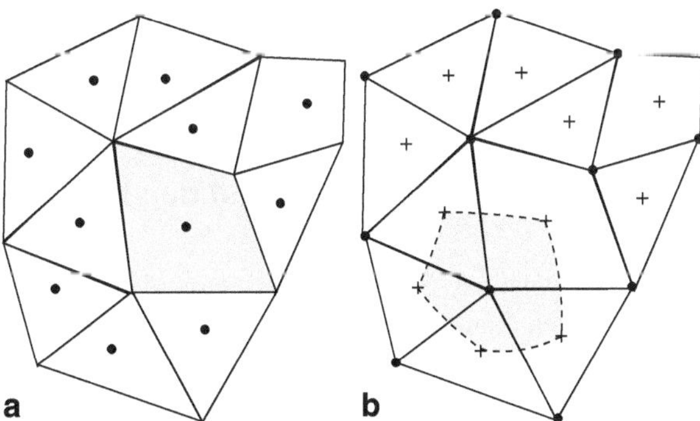

Abb. 8.3 Cell-centered und cell-vertex Kontrollvolumen (Versteeg et al. 2007)

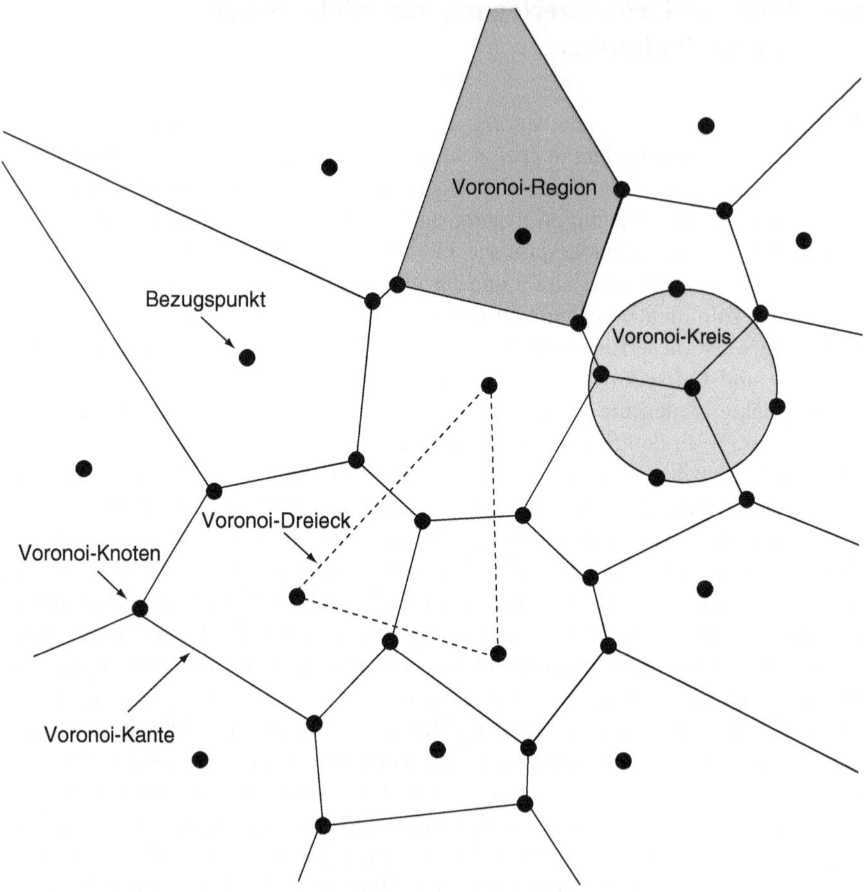

Abb. 8.4 2-D Voronoi-Zerlegung (Abed 2007)

In Abb. 8.4 ist ein zweidimensionales Beispiel einer Voronoi-Zerlegung dargestellt, bei dem die Voronoi-Grenzen zu Voronoi-Kanten, die Voronoi-Kugeln zu Voronoi-Kreisen und die Voronoi-Simplizia zu Voronoi- bzw. zu Delaunay-Dreiecken werden.

8.4 Dualität der Voronoi- und der Delaunay-Zerlegung

Unter der Delaunay-Simplizial-Zerlegung versteht man die Zerlegung eines n-dimensionalen Raumes mit einer gegebenen Punktmenge, bei der die Punkte die Ecken der n-dimensionalen Delaunay-Simplizia bilden. In der Ebene führt diese Zerlegung zur Delaunay-Triangulierung mit Delaunay-Dreiecken.

Im Folgenden soll die Dualität der Voronoi-Zerlegung mit der Delaunay-Zerlegung in der Ebene betrachtet werden. Die dabei dargestellten Ergebnisse können im n-dimensionalen Raum verallgemeinert werden.

Delaunay-Dreiecke entstehen, wenn die Bezugspunkte der Voronoi-Regionen durch Geraden verbunden werden. Jedes Delaunay-Dreieck muss das sog. Umkreis-Kriterium erfüllen, das fordert, dass im Inneren des durch die Eckpunkte des Delaunay-Dreiecks gehenden Kreises kein Bezugspunkt einer anderen Voronoi-Region liegt. Außerdem bildet jede Seite des Delaunay-Dreiecks mit der Kante der Voronoi-Region einen rechten Winkel.

Aus der Delaunay-Triangulierung erhält man die Voronoi-Zerlegung, indem man die Mittelpunkte der Umkreise von zwei benachbarten Delaunay-Dreiecken mit einer Geraden verbindet, die zur Voronoi-Kante wird. Die Eckpunkte der Delaunay-Dreiecke werden zu Bezugspunkten der Voronoi-Regionen und die Mittelpunkte der Umkreise zu Voronoi-Knoten.

In Abb. 8.5 ist exemplarisch dargestellt, wie aus der Delaunay-Triangulation (Eckpunkte der Dreiecke von 1 bis 8) durch die Mittelpunkte der Umkreise

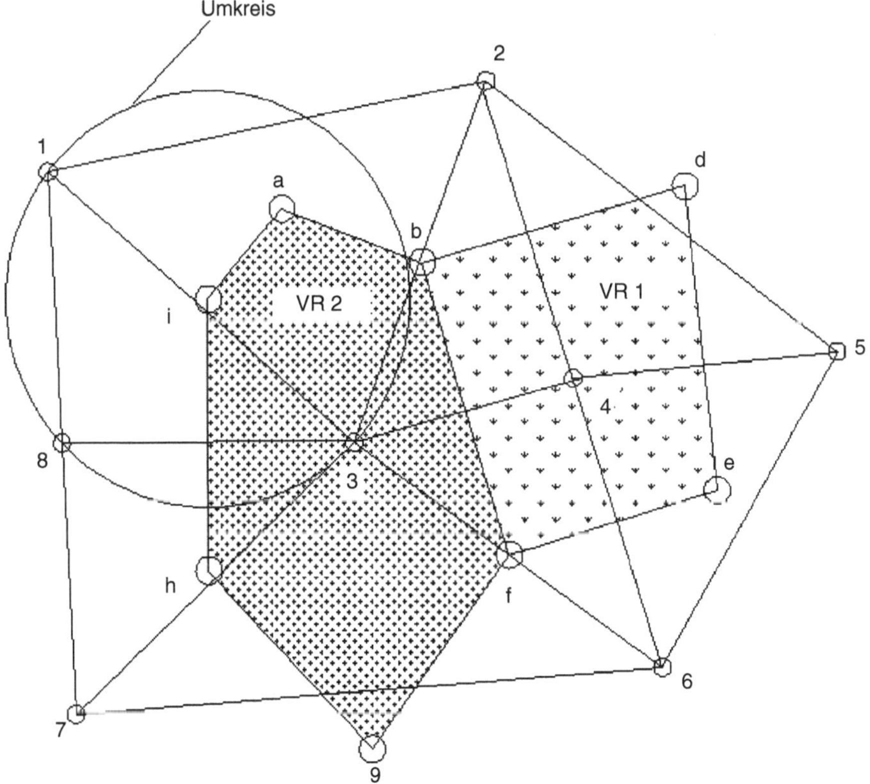

Abb. 8.5 Konstruktion von Voronoi-Regionen aus Delaunay-Dreiecken

die Voronoi-Knoten (a bis h) entstehen. Die Voronoi-Kanten umschließen die Voronoi-Region 1 (VR 1) und die Voronoi-Region 2 (VR 2).

8.5 Voronoi-Region als Kontrollvolumen

Durch die Voronoi-Zerlegung werden den Bezugspunkten der Gebietsgeometrie Voronoi-Regionen zu geordnet, die mit Ausnahme der offenen Regionen am Rand des betrachteten Gebietes als Kontrollvolumina betrachtet werden können. Diese Volumina stellen im allgemeinen Fall konvexe Polyeder dar, deren Kanten auch als „Facetten" bezeichnet werden (Abb. 8.6).

Um die Diskretisierung der Erhaltungsgleichungen zu formulieren, ist die Definition des Normalvektors $\vec{n}$ für die Facetten des Kontrollvolumens notwendig. Der Normalvektor einer Facette ist ein Einheitsvektor der senkrecht zur Facette nach außen gerichtet ist (vgl. Abb. 8.6). Da die Delaunay-Dreiecke immer senkrecht auf

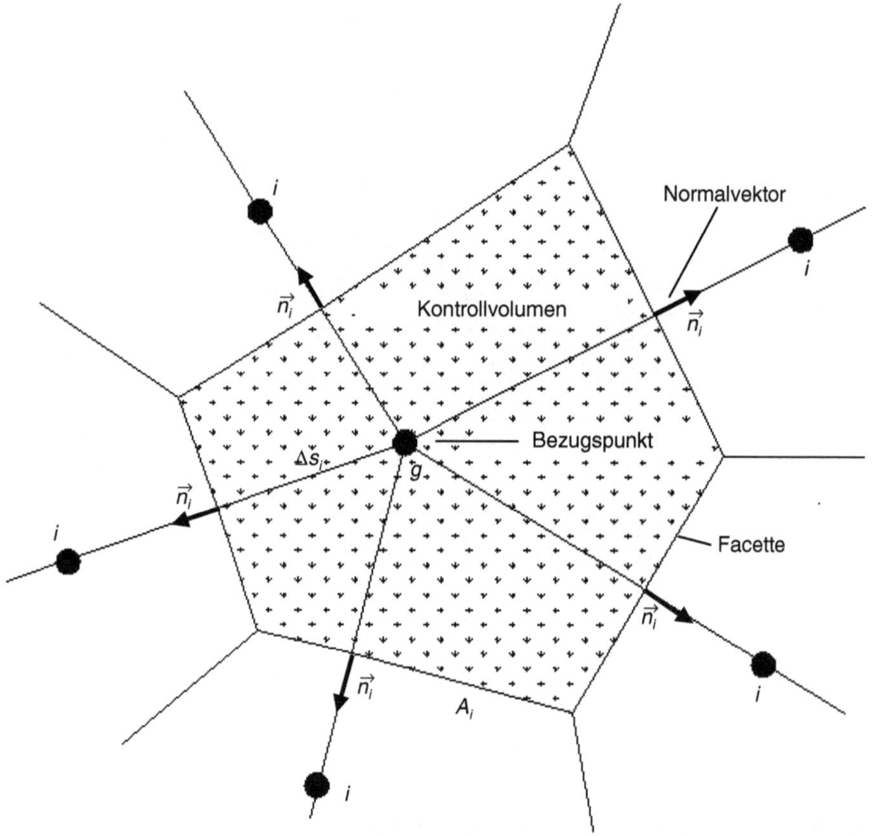

Abb. 8.6 2D-Kontrollvolumen als Voronoi-Region

den Voronoi-Kanten stehen, ist die Richtung der Normalvektoren einfach durch die Verbindungslinien der Bezugspunkte gegeben.

Wenn z. B. die Koordinaten eines Bezugspunktes durch x_g, y_g und z_g gegeben sind und die Koordinaten des i-ten Nachbarbegrenzungspunktes durch x_i, y_i und z_i, so ergibt sich der Normalvektor zu

$$\vec{n} = \begin{bmatrix} \dfrac{x_i - x_g}{\Delta s_i} \\[2ex] \dfrac{y_i - y_g}{\Delta s_i} \\[2ex] \dfrac{z_i - z_g}{\Delta s_i} \end{bmatrix} . \tag{8.15}$$

Dabei bezeichnet Δs_i die Entfernung zwischen dem Bezugspunkt und dem i-ten Nachbarbezugspunkt. Die Schließung der offenen Voronoi-Regionen am Rand kann z. B. durch einen Algorithmus erfolgen, der auf einem Randpolygonzug beruht, der aus den Außenseiten der Rand-Delaunay-Dreiecke besteht und die nach Außen zeigenden Voronoi-Kanten schneidet.

8.6 Approximation der Integration der Grundgleichungen

Ausgehend von einer Voronoi-Zerlegung soll nun im Folgenden die Integration der Transportgleichung (8.1) betrachtet werden. Die einzelnen Integrale der Gl. (8.4) sind dabei über ein Kontrollvolumen zu bestimmen, das durch die Voronoi-Zerlegung gegeben ist.

8.6.1 Diffusionsterm

Der Diffusionsterm der Gl. (8.4), der in der Gl. (8.6) bereits in eindimensionaler Form approximiert wurde, muss für eine Finite-Volumen-Approximation auf der Grundlage einer Voronoi-Zerlegung durch die Summe der Integrale über jede einzelne Facette des Kontrollvolumens ersetzt werden. Dafür erhält man

$$\int_A \vec{n} \cdot (\delta \cdot grad\ C) \cdot dA = \sum_{i=1}^{n} \int_{A_i} \vec{n} \cdot (\delta \cdot grad\ C)_i \cdot dA_i . \tag{8.16}$$

Darin bezeichnen

$\vec{n}_i$ den Normalvektor der i-ten Facette des Kontrollvolumens,
$(grad\ C)_i$ den Gradienten der Feldgröße C an der i-ten Facette,

n die Anzahl der Facetten des Kontrollvolumens,
A_i den Flächeninhalt der i-Facette,
δ die Diffusität (Konstante).

Dabei wird angenommen, dass $(grad\ C)_i$ im Bereich der Facette i konstant ist. Da $\vec{n}_i$ als Einheitsvektor ebenfalls eine konstante Größe ist, können beide Vektoren aus dem Integral herausgenommen werden. Das Integral liefert dann den Flächeninhalt A_i der Facette. Für den Diffusionsterm ergibt sich somit

$$\int_A \vec{n} \cdot (\delta \cdot grad\ C) \cdot dA = \sum_{i=1}^{n} \vec{n}_i \cdot (\delta \cdot grad\ C)_i \cdot A_i. \tag{8.17}$$

Für die numerische Auswertung des Ausdruckes bietet sich z. B. die Finite-Differenzen-Methode mit zentralen Differenzen an. Werden die Gradienten wieder (vgl. Gl. (8.8)) an der Oberfläche linear interpoliert, so kann aufgrund der Eigenschaften der Voronoi-Zerlegung die Approximation wie folgt geschrieben werden:

$$\int_A \vec{n} \cdot (\delta \cdot grad\ C) \cdot dA = \sum_{i=1}^{n} \left(\delta \cdot \frac{C_i - C_g}{\Delta s_i} \right)_i \cdot A_i. \tag{8.18}$$

Mit dieser Formulierung steht der Gradientenvektor senkrecht auf der Facette des Kontrollvolumens. Damit ist das skalare Produkt mit dem Normalvektor bereits berücksichtigt.

8.6.2 Advektionsterm

Der Advektionsterm der Gl. (8.4) kann für die einzelnen Facetten des Kontrollvolumens in folgender Form geschrieben werden:

$$\int_A \vec{n} \cdot (\vec{v} \cdot C) \cdot dA = \sum_{i=1}^{n} \int_{A_i} \vec{n} \cdot (\vec{v} \cdot C)_i \cdot dA_i. \tag{8.19}$$

Darin bezeichnen

$\vec{n}_i$ den Normalvektor der i-ten Facette des Kontrollvolumens,
$(\vec{v} \cdot C)_i$ die Feldgrößen an der i-ten Facette,
n die Anzahl der Facetten des Kontrollvolumens,
A_i den Flächeninhalt der i-Facette.

Mit der Voraussetzung, dass die Feldgrößen C und $\vec{v}$ über die Facette gleichmäßig verteilt sind, kann analog zu Gl. (8.17) geschrieben werden:

$$\int_A \vec{n} \cdot (\vec{v} \cdot C) \cdot dA = \sum_{i=1}^{n} \vec{n}_i \cdot (\vec{v}\ C)_i \cdot A_i. \tag{8.20}$$

Die lineare Interpolation der Feldgrößen führt schließlich zu

$$\int_A \vec{n} \cdot (\vec{v} \cdot C) \cdot dA = \sum_{i=1}^{n} \vec{n}_i \cdot \vec{v}_i \cdot \frac{C_i + C_g}{2} A_i. \tag{8.21}$$

8.7 Numerische Stabilität

Die numerische Stabilität ist durch die Formulierung der Integrale über die Kontrollvolumina nur gesichert, wenn der Fluss einer Feldgröße aus der Facette eines Kontrollvolumens gleich dem Fluss der Feldgröße in eine Facette des Nachbarkontrollvolumens ist (Erhaltungssatz).

Für die Approximation der Advektion spielt die Pecletzahl Pe eine besondere Rolle, die als dimensionslose Zahl die relative Stärke der Konvektion und Diffusion durch die Beziehung

$$Pe = \frac{v \cdot \Delta s}{\delta} \tag{8.22}$$

ausdrückt. Darin bezeichnet v die Geschwindigkeit an der Facette und Δs den Abstand zwischen zwei Bezugspunkten. Je größer diese Zahl ist, um so dominanter ist die Advektion im Strömungsprozess. Im Gegensatz zur Diffusion, bei der die Feldgröße entsprechend den Gradienten in alle Richtungen transportiert wird, ist die Advektionswirkung nur in Flussrichtung wirksam.

Das Finite-Differenzen-Verfahren wertet allerdings den Advektionsterm mit den Werten der Feldgrößen an beiden Seiten der Facette unabhängig von der Flussrichtung aus, was zu numerischen Instabilitäten führen kann. Eine stabile Lösung kann daher im advektionsdominierten Fall im Allgemeinen nur erreicht werden, wenn

$$Pe < 2$$

ist. Gegebenenfalls muss feiner diskretisiert werden, um kleinere Pe-Zahlen zu erreichen.

Bei zeitabhängigen Strömungsprozessen sind weitere Kriterien zu beachten:

Bei expliziten Verfahren sollte bei der Diskretisierung des Ortes und der Zeit das Neumannkriterium beachtet werden, das besagt, dass aus Gründen der Stabilität die Neumannzahl

$$Ne = \frac{\delta \cdot \Delta t}{\Delta s^2} \leq 0{,}5 \tag{8.23}$$

sein soll. Die Neumannzahl drückt das Verhältnis des im Zeitschritt durch die Diffusion zurückgelegten Transportweges zum Ortsschritt aus.

Das Courantzahlkriterium

$$Cr = \frac{v \cdot \Delta t}{\Delta s} \leq 1{,}0 \tag{8.24}$$

fordert in diesem Zusammenhang eine Beschränkung des Zeitschrittes für einen vorgegebenen Ortsschritt. Die Courantzahl bringt das Verhältnis zwischen dem im Zeitschritt infolge der Advektion zurückgelegten Transportweg zum Ortsschritt zum Ausdruck.

Wenn trotz Einhaltung von Neumann- und Courantzahl infolge starker Advektion bei der numerischen Lösung Oszillationen auftreten, kann man versuchen, die Oszillationen durch das Hinzufügen einer künstlichen Diffusion zu dämpfen. Eine weitere Stabilisierungsstrategie bildet die Korrektur des lokalen Fehlers (Abed 2007).

Kapitel 9
Finite-Element-Methode

9.1 Diskretisierung

Die Finite-Element-Methode wurde ursprünglich in der Festkörper-Mechanik entwickelt. Da diese Methode das Arbeiten mit unstrukturierten Netzen bei komplexen Konfigurationen ermöglicht, fand sie auch eine breite Anwendung bei Strömungsproblemen.

Im ersten Schritt wird das Integrationsgebiet, das vereinfachend in der x, z-Ebene betrachtet werden soll, in sich nicht überlappende, geometrische Elemente unterteilt. Im zweidimensionalen Fall handelt es sich dabei meistens um Dreiecke, deren Eckpunkte als Knoten bezeichnet werden. Elemente und Knoten bilden ein Netz, das das Integrationsgebiet und damit den Definitionsbereich einer gesuchten Funktion $u(x,z)$ diskretisiert.

Abbildung 9.1 zeigt die Diskretisierung in der x, z-Ebene mit Dreieckselementen, die ein unstrukturiertes Netz bilden, bei dem die Knoten und Elemente beliebig durchnummeriert werden. Die Zuordnungsmatrix stellt den Zusammenhang zwischen Knoten und Elementen her. Darin werden die lokalen Knotennummern A, B und C den globalen Elementnummern in der x, z-Ebene zugeordnet. Das diskretisierte Integrationsgebiet für die gesuchte Funktion $u(x,z)$ kann als Rechengebiet Ω betrachtet werden, in dem die kontinuierliche Funktion $u(x,z)$ an den Knotenpunkten mit diskreten Werten berechnet werden soll. Der Vorteil der unstrukturierten Netze besteht darin, dass entsprechend den lokalen Erfordernissen an beliebigen Stellen Netzverfeinerungen vorgenommen werden können.

Im Folgenden sollen nun für ein Dreieckselement die sog. Lagrange'schen Flächenkoordinaten als lokale Koordinaten eingeführt werden, die unabhängig von der tatsächlichen, geometrischen Form des Elements sind.

In Abb. 9.2 ist ein Dreieckselement mit den bekannten Koordinaten (x_A, z_A), (x_B, z_B) und (x_C, z_C) dargestellt. Die Verbindungslinien von einem beliebigen Punkt innerhalb des Dreiecks zu den Eckpunkten A, B und C unterteilen den Flächeninhalt des Dreiecks A_{ABC} in die Teilflächen A_1, A_2 und A_3. Die Lagrange'schen Flächenkoordinaten ξ_j können als Verhältnis der j-ten Teilfläche zur Gesamtfläche

H. Martin, *Numerische Strömungssimulation in der Hydrodynamik*,

DOI 10.1007/978-3-642-17208-3_9,

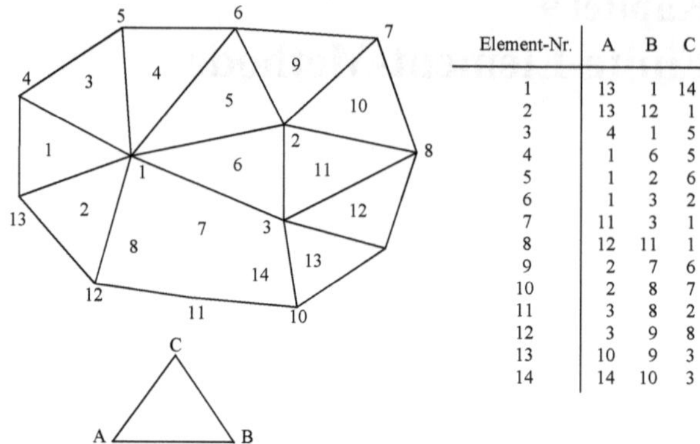

Element-Nr.	A	B	C
1	13	1	14
2	13	12	1
3	4	1	5
4	1	6	5
5	1	2	6
6	1	3	2
7	11	3	1
8	12	11	1
9	2	7	6
10	2	8	7
11	3	8	2
12	3	9	8
13	10	9	3
14	14	10	3

Abb. 9.1 Unstrukturiertes Finite-Element-Netz mit Zuordnungsmatrix

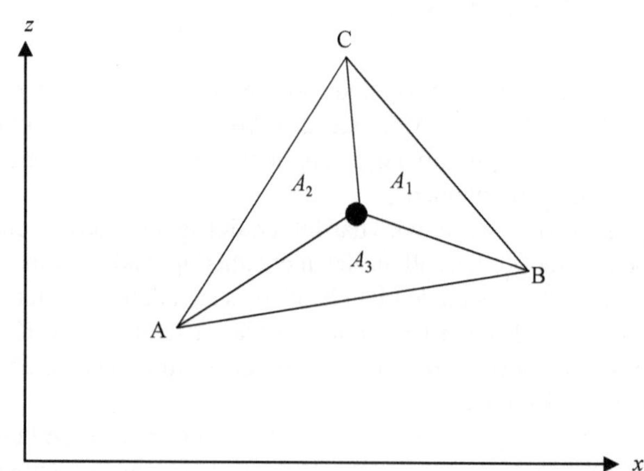

Abb. 9.2 Dreieckselement mit den Teilflächen A_1, A_2 und A_3

des Dreiecks betrachtet werden und somit durch

$$\xi_j = \frac{A_j}{\sum\limits_{j=1}^{3} A_j} \tag{9.1}$$

definiert werden (Laurin und Oertel 2009).

Von den Koordinaten eines beliebigen Punktes innerhalb des Dreiecks verschwinden jeweils zwei Koordinaten, wenn der Punkt auf einem Knoten des Dreieckes liegt. Wandert der Punkt innerhalb des Dreieckes in der Abb. 9.2 z. B. auf den Eckpunkt A, so wird

$$\xi_1 = \frac{A_1}{A_{ABC}} = 1, \tag{9.2}$$

während ξ_1 und ξ_2 zu null werden. Der Wert der Koordinate ξ_j liegt somit zwischen Null und Eins. Die Summe aller Koordinaten beträgt immer Eins.

Jeder Punkt in einem Dreieckselement ist also durch die lokalen Flächenkoordinaten (ξ_1, ξ_2, ξ_3) eindeutig bestimmt. Zwischen den lokalen Koordinaten und den Koordinaten eines globalen Koordinatensystems (x, z) besteht folgender Zusammenhang

$$\begin{aligned} x &= x_A \cdot \xi_1 + x_B \cdot \xi_2 + x_C \cdot \xi_3, \\ z &= z_A \cdot \xi_1 + z_B \cdot \xi_2 + z_C \cdot \xi_3, \\ 1 &= \xi_1 + \xi_2 + \xi_3. \end{aligned} \tag{9.3}$$

In Matrixenschreibweise ergibt sich dafür

$$\begin{pmatrix} x \\ z \\ 1 \end{pmatrix} = \begin{pmatrix} x_A & x_B & x_C \\ z_A & z_B & z_C \\ 1 & 1 & 1 \end{pmatrix} \cdot \begin{pmatrix} \xi_1 \\ \xi_2 \\ \xi_3 \end{pmatrix} \tag{9.4}$$

9.2 Ansatz- und Gewichtsfunktionen

In einem weiteren Schritt werden nun auf den Elementgebieten Ω_e auf der Grundlage der lokalen Koordinaten ξ_j sog. Formfunktionen $N_j(\xi_1, \xi_2, \xi_3)$ eingeführt, die – analog zum Galerkin-Verfahren – als Ansatzfunktionen herangezogen werden können. Diese Funktionen sollen die Eigenschaft besitzen, dass sie an einem Knoten des Elements den Wert Eins besitzen und zu den benachbarten Knoten hin sich auf den Wert Null ändern. Damit können die Werte der gesuchten Funktion $u(x, z)$ an den Knoten des Dreieckselementes e durch die Gleichung

$$u_e(\xi_1, \xi_2, \xi_3) = \sum u_{e,j} \cdot N_j(\xi_1, \xi_2, \xi_3) \tag{9.5}$$

ausgedrückt werden.

Aufgrund der Eigenschaften der Formfunktion N_j (Ausblendfunktion) sind die Ansatzkoeffizienten $u_{e,j}$ auch gleichzeitig die Werte der Funktion $u_e(\xi_1, \xi_2, \xi_3)$ an den Knoten j.

Die Formfunktionen können lineare Funktionen (Hütchenfunktionen) oder höherwertige Funktionen sein (Hirsch 1989). An Stelle des Aufwandes für quadratische oder kubische Ansatzfunktionen werden in der Praxis i. Allg. kleinere Elemente gewählt, um eine höhere Genauigkeit zu erzielen.

Wird das Integrationsgebiet in n Dreieckselemente diskretisiert, so kann die gesuchte Funktion $u(x, z)$ wie folgt approximiert werden:

$$\widetilde{u}(x, z) = \sum_{e=1}^{n} \sum_{j=1}^{3} u_{e,j} \cdot N_j. \tag{9.6}$$

Zur Bestimmung der unbekannten Koeffizienten $u_{e,j}$ wird ein Variationsproblem formuliert. Dafür wird der Approximationsansatz $\widetilde{u}(x, z)$ in die zu lösende Differentialgleichung eingesetzt. Die Differenz zwischen der exakten Lösung $u(x, z)$

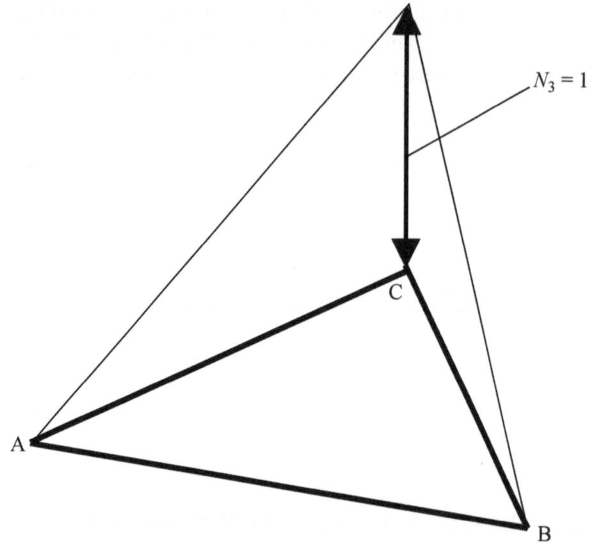

Abb. 9.3 Lineare Formfunktion am Dreieckselement

und der Näherungslösung mit $\tilde{u}(x,z)$ bildet das Residuum R, das bei dem Taylor-Galerkin-FEM-Verfahren mit Gewichtsfunktionen N_k multipliziert und über das Integrationsgebiet integriert wird. Dabei wird gefordert, dass das Integral null ist.

$$\int_{\Omega} R \cdot N_k \cdot d\Omega = \sum_{e=1}^{n} \int_{\Omega_e} R \cdot N_k \cdot d\Omega_e = 0 \tag{9.7}$$

Als Gewichtsfunktionen N_k können nach dem Galerkinansatz die beschriebenen Formfunktionen herangezogen werden. Der Index k läuft dabei über die Anzahl der Knoten eines Elementes. Wegen der Aufsplittung des Integrals in die Summe der Integrale über die einzelnen Elemente, ergibt sich aus Gl. (9.7) ein lineares Gleichungssystem zur Bestimmung der gesuchten Koeffizienten und damit der Werte für die gesuchte Funktion $u(x,z)$ an den einzelnen Knoten.

9.3 Beispiel 5: Ermittlung des Geschwindigkeitsprofils der zähen Spaltströmung mit der Finite-Element-Methode

Zur Verdeutlichung der prinzipiellen Vorgehensweise bei der Finite-Element-Methode soll die Ermittlung des Geschwindigkeitsprofils der zähen Spaltströmung dienen, das bereits mit der Galerkin-Methode berechnet wurde. Es werden wieder die gleichen Voraussetzungen wie in Abschn. 7.2 getroffen (vgl. Abb. 9.4).

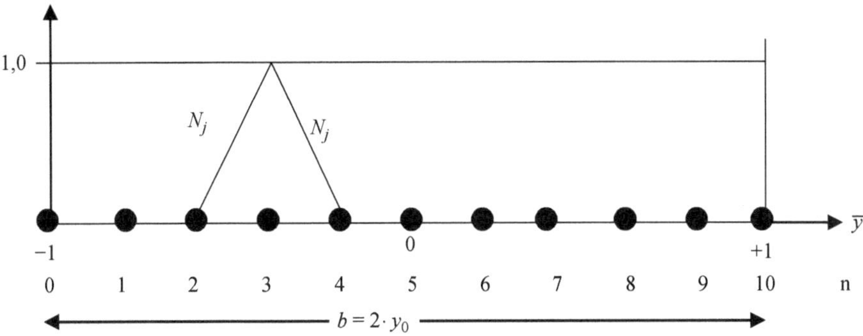

Abb. 9.4 Lineare Ansatzfunktion

Für die Lösung der zugeordneten Differentialgleichung

$$\frac{d^2\overline{v}}{d\overline{y}^2} + 1 = 0 \tag{9.8}$$

wird bei der Finite-Element-Methode für die dimensionslose Geschwindigkeit der Ansatz

$$\overline{v} \approx \widetilde{v} = \sum_{j=0}^{n} N_j(\overline{y}) \cdot \overline{v}_j \tag{9.9}$$

eingeführt. Darin bezeichnet

$\overline{v}_j$ den dimensionslosen Geschwindigkeitswert am Knoten j,
y die auf die halbe Spaltbreite y_0 bezogene Koordinatenachse senkrecht zur Spaltströmung,
N_j die lineare Ansatzfunktion am Knoten j.

Die Spaltbreite $b = 2 \cdot y_0$ wird dafür in $n + 1$ Knoten unterteilt, die in äquidistanten Abständen angeordnet werden (Oertel und Böhle 2010).

Das Residuum erhält man durch das Einsetzen der Ansatzfunktion $\widetilde{v}$ in die Ausgangsdifferentialgleichung

$$\frac{d^2\widetilde{v}}{d\overline{y}^2} + 1 = R \tag{9.10}$$

und aus der Galerkin-Methode folgt mit der Gewichtsfunktion N_k

$$\int_{-1}^{+1} \left[\left(\frac{d^2\widetilde{v}}{d\overline{y}^2} + 1 \right) \cdot N_k \right] \cdot d\overline{y} = 0. \tag{9.11}$$

Die Gewichtsfunktion N_k wird – analog zur Formfunktion N_j – als lineare Funktion definiert, die am Knoten k den Wert Eins besitzt und an den anderen Knoten den Wert Null. Aus Gl. (9.11) folgt weiter

$$\int_{-1}^{+1} \left(\frac{d^2\overline{v}}{d\overline{y}^2} \cdot N_k \right) \cdot d\overline{y} + \int_{-1}^{+1} N_k \cdot d\overline{y} = 0 \tag{9.12}$$

mit $k = 0, 1, 2, ..., n$.

Mit der partiellen Integration entsprechend

$$\int x \cdot y' \cdot dy = x \cdot y - \int y \cdot x' \cdot dy$$

ergibt sich für den linken Summanden in Gl. (9.12)

$$\left(\frac{d\overline{v}}{d\overline{y}} \cdot N_k \right)_{y=-1}^{y=1} - \int_{-1}^{+1} \left(\frac{d\overline{v}}{d\overline{y}} \cdot \frac{dN_k}{d\overline{y}} \right) \cdot d\overline{y} + \int_{-1}^{+1} N_k \cdot d\overline{y} = 0. \tag{9.13}$$

Der Vorteil dieser Integration besteht darin, dass Gl. (9.13) nur noch Ableitungen 1. Ordnung enthält.

Differenziert man nun die Ansatzfunktion (9.9) nach $\overline{y}$ und setzt die Ableitung in Gl. (9.13) ein, so erhält man schließlich

$$\left(\frac{d\overline{v}}{d\overline{y}} \cdot N_k \right)_{\overline{y}=-1}^{\overline{y}=1} - \int_{-1}^{+1} \left[\frac{dN_k}{d\overline{y}} \cdot \sum_{j=0}^{n} \left(\frac{dN_j}{d\overline{y}} \cdot \overline{v}_j \right) \right] \cdot d\overline{y} + \int_{-1}^{+1} N_k \cdot d\overline{y} = 0 \tag{9.14}$$

mit $k = 0, 1, 2, ..., n$.

Gleichung (9.14) kann nun wie folgt umgeformt werden:

$$\sum_{j=0}^{n} \left[\overline{v}_j \cdot \int_{-1}^{1} \left(\frac{dN_k}{d\overline{y}} \cdot \frac{dN_j}{d\overline{y}} \right) \cdot d\overline{y} \right] = \left(\frac{d\overline{v}}{d\overline{y}} \cdot N_k \right)_{\overline{y}=-1}^{\overline{y}=1} + \int_{-1}^{+1} N_k \cdot d\overline{y} \tag{9.15}$$

Aus Gl. (9.15) ergibt sich ein lineares Gleichungssystem mit $n + 1$ Gleichungen für die $n + 1$ unbekannten Werte $\overline{v}_j$. Für die Lösung des Systems sollen 11 Knoten mit dem Abstand

$$\Delta = \frac{\Delta\overline{y}}{n} = \frac{2}{10}$$

betrachtet werden.

Bevor die Integrale berechnet werden, soll noch einmal die Aufmerksamkeit auf die Ansatzfunktion N_j und die Gewichtsfunktion N_k gelenkt werden. Über den Knoten auf der $\overline{y}$-Achse stellen diese linearen Funktionen dreieckige „Hütchenfunktionen" dar. Die absolute Neigung der beiden Funktionen mit $\left|\frac{1}{\Delta}\right|$ bleibt immer konstant.

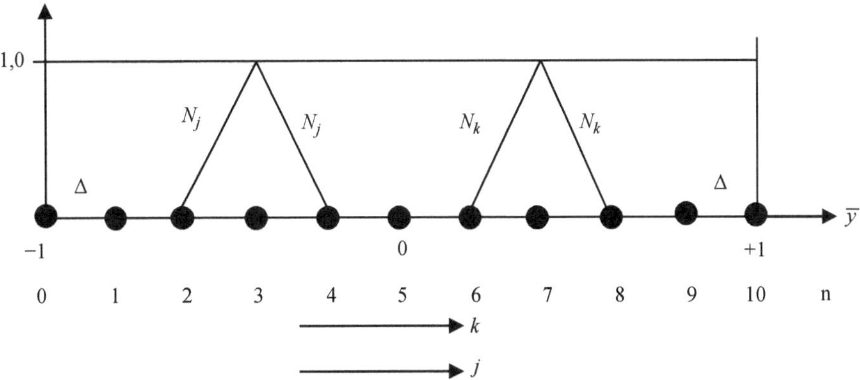

Abb. 9.5 Ansatz- und Gewichtsfunktion über den Knoten

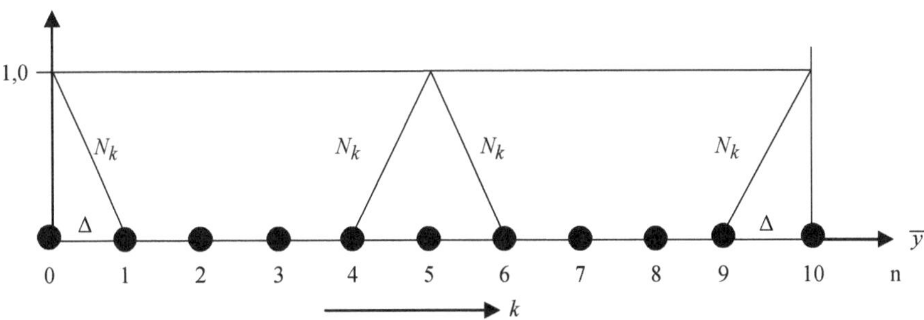

Abb. 9.6 Verlauf der Gewichtsfunktion N_k

As erstes soll das Integral $\int_{-1}^{+1} N_k \cdot d\overline{y}$ betrachtet werden (Abb. 9.6). Entsprechend Abb. 9.6 ergibt sich für $k = 0$

$$\int_{-1}^{+1} N_k \cdot d\overline{y} = \frac{1 \cdot \Delta}{2} = \frac{\Delta}{2}, \tag{9.16}$$

für $0 < k < n$

$$\int_{-1}^{+1} N_k \cdot d\overline{y} = 2 \cdot \frac{1 \cdot \Delta}{2} = \Delta \tag{9.17}$$

und für $k = n$

$$\int_{-1}^{+1} N_k \cdot d\overline{y} = \frac{1 \cdot \Delta}{2} = \frac{\Delta}{2}. \tag{9.18}$$

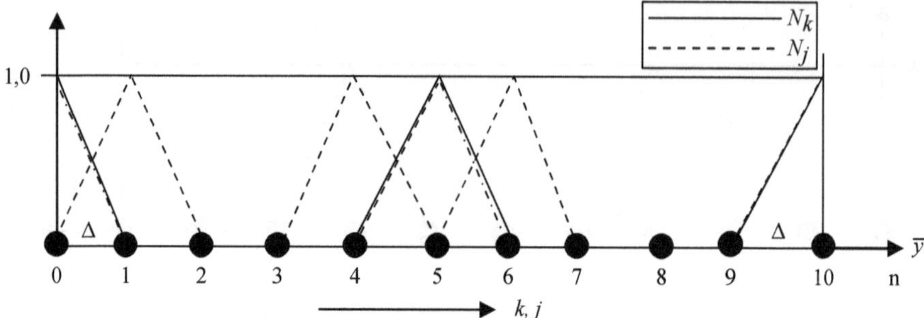

Abb. 9.7 Überlagerung der Funktionen N_k und N_j

Für das Integral $\int_{-1}^{+1}\left(\frac{dN_k}{d\overline{y}}\cdot\frac{dN_j}{d\overline{y}}\right)\cdot d\overline{y}$ ist zu beachten, dass entsprechend der Summationsvorschrift von Gl. (9.15) für die Funktion N_k über dem Knoten k sich das „Hütchen" für N_j über alle Knoten von 0 bis n bewegt (vgl. Abb. 9.7)

Daraus ergeben sich folgende Ergebnisse:

$$k = 0,\; j = 0$$

$$\int_{-1}^{+1}\left(\frac{dN_k}{d\overline{y}}\cdot\frac{dN_j}{d\overline{y}}\right)\cdot d\overline{y} = \left(-\frac{1}{\Delta}\right)\cdot\left(-\frac{1}{\Delta}\right)\cdot\Delta = \frac{1}{\Delta} \tag{9.19}$$

$$k = 0,\; j = 1$$

$$\int_{-1}^{+1}\left(\frac{dN_k}{d\overline{y}}\cdot\frac{dN_j}{d\overline{y}}\right)\cdot d\overline{y} = \left(-\frac{1}{\Delta}\right)\cdot\left(\frac{1}{\Delta}\right)\cdot\Delta = -\frac{1}{\Delta} \tag{9.20}$$

$$k = 0,\; j > 1$$

$$\int_{-1}^{+1}\left(\frac{dN_k}{d\overline{y}}\cdot\frac{dN_j}{d\overline{y}}\right)\cdot d\overline{y} = 0 \tag{9.21}$$

$$0 < k < n,\; j = k - 1$$

$$\int_{-1}^{+1}\left(\frac{dN_k}{d\overline{y}}\cdot\frac{dN_j}{d\overline{y}}\right)\cdot d\overline{y} = \left(\frac{1}{\Delta}\right)\cdot\left(-\frac{1}{\Delta}\right)\cdot\Delta = -\frac{1}{\Delta} \tag{9.22}$$

$$0 < k < n,\; j = k$$

$$\int_{-1}^{+1}\left(\frac{dN_k}{d\overline{y}}\cdot\frac{dN_j}{d\overline{y}}\right)\cdot d\overline{y} = \left(\frac{1}{\Delta}\right)\cdot\left(\frac{1}{\Delta}\right)\cdot\Delta + \left(-\frac{1}{\Delta}\right)\cdot\left(-\frac{1}{\Delta}\right)\cdot\Delta = \frac{2}{\Delta} \tag{9.23}$$

$$0 < k < n, \; j = k+1$$

$$\int_{-1}^{+1} \left(\frac{dN_k}{d\overline{y}} \cdot \frac{dN_j}{d\overline{y}} \right) \cdot d\overline{y} = \left(-\frac{1}{\Delta} \right) \cdot \left(\frac{1}{\Delta} \right) \cdot \Delta = \left(-\frac{1}{\Delta} \right) \tag{9.24}$$

$$k = n, \; j = n-1$$

$$\int_{-1}^{+1} \left(\frac{dN_k}{d\overline{y}} \cdot \frac{dN_j}{d\overline{y}} \right) \cdot d\overline{y} = \left(\frac{1}{\Delta} \right) \cdot \left(-\frac{1}{\Delta} \right) \cdot \Delta = -\frac{1}{\Delta} \tag{9.25}$$

$$k = n, \; j = n$$

$$\int_{-1}^{+1} \left(\frac{dN_k}{d\overline{y}} \cdot \frac{dN_j}{d\overline{y}} \right) \cdot d\overline{y} = \left(\frac{1}{\Delta} \right) \cdot \left(\frac{1}{\Delta} \right) \cdot \Delta = \left(\frac{1}{\Delta} \right) \tag{9.26}$$

Setzt man die berechneten Integrale in das Gleichungssystem (9.15) ein, so erhält man (rechte Matrix: Zeilen j, Spalten k)

$$\frac{1}{\Delta} \cdot \left\{ \begin{array}{ccccccccccc} 1 & -1 & & & & & & & & & \\ -1 & 2 & -1 & & & & & & & & \\ & -1 & 2 & -1 & & & & & & & \\ & & -1 & 2 & -1 & & & & & & \\ & & & -1 & 2 & -1 & & & & & \\ & & & & -1 & 2 & -1 & & & & \\ & & & & & -1 & 2 & -1 & & & \\ & & & & & & -1 & 2 & -1 & & \\ & & & & & & & -1 & 2 & -1 & \\ & & & & & & & & -1 & 2 & -1 \\ & & & & & & & & & -1 & 1 \end{array} \right\} \cdot \left\{ \begin{array}{c} \overline{v}_0 \\ \overline{v}_1 \\ \overline{v}_2 \\ \overline{v}_3 \\ \overline{v}_4 \\ \overline{v}_5 \\ \overline{v}_6 \\ \overline{v}_7 \\ \overline{v}_8 \\ v_9 \\ \overline{v}_{10} \end{array} \right\}$$

$$= \left\{ \begin{array}{c} \left. \frac{d\widetilde{v}}{d\overline{y}} \right|_{\overline{y}=-1} + \frac{\Delta}{2} \\ \Delta \\ \Delta \\ \Delta \\ \Delta \\ \Delta \\ \Delta \\ \Delta \\ \Delta \\ \Delta \\ \left. \frac{d\widetilde{v}}{d\overline{y}} \right|_{\overline{y}=1} + \frac{\Delta}{2} \end{array} \right\} \tag{9.27}$$

Da aus den Randbedingungen (Haftbedingung) folgt, dass

$$\overline{v}_0 = \overline{v}_{10} = 0$$

ist, können in der linken Matrix der Gl. (9.27) die oberste und unterste sowie die erste und letzte Spalte gestrichen werden. Das zu lösende System nimmt somit folgende Form an:

$$\begin{Bmatrix} 2 & -1 & & & & & & & \\ -1 & 2 & -1 & & & & & & \\ & -1 & 2 & -1 & & & & & \\ & & -1 & 2 & -1 & & & & \\ & & & -1 & 2 & -1 & & & \\ & & & & -1 & 2 & -1 & & \\ & & & & & -1 & 2 & -1 & \\ & & & & & & -1 & 2 & -1 \\ & & & & & & & -1 & 2 \end{Bmatrix} \cdot \begin{Bmatrix} \overline{v}_1 \\ \overline{v}_2 \\ \overline{v}_3 \\ \overline{v}_4 \\ \overline{v}_5 \\ \overline{v}_6 \\ \overline{v}_7 \\ \overline{v}_8 \\ \overline{v}_9 \end{Bmatrix} = \begin{Bmatrix} \Delta^2 \\ \Delta^2 \\ \Delta^2 \\ \Delta^2 \\ \Delta^2 \\ \Delta^2 \\ \Delta^2 \\ \Delta^2 \\ \Delta^2 \end{Bmatrix} \quad (9.28)$$

Mit $\Delta = \frac{2}{10}$ erhält man aus dem Thomas-Algorithmus folgende Ergebnisse:

$$\begin{aligned} \overline{v}_1 = \overline{v}_9 &= 0{,}18 \\ \overline{v}_2 = \overline{v}_8 &= 0{,}32 \\ \overline{v}_3 = \overline{v}_7 &= 0{,}42 \\ \overline{v}_4 = \overline{v}_6 &= 0.48 \\ \overline{v}_5 \quad &= 0.5 \end{aligned}$$

Die mit der Finite-Element-Methode ermittelte Geschwindigkeitsverteilung ist damit vollkommen identisch mit der nach dem Galerkin-Verfahren berechneten Geschwindigkeitsverteilung (vgl. Abb. 9.2).

Kapitel 10
Hinweise zu den Visual C#-Programmen

Diesem Buch wurden die Programme **Gauss** (Beispiel 1), **Laplace** (Beispiel 2), **Stokes** (Beispiel 3) und **Saint Venant** (Beispiel 4) inkl. Quellcode (in der Programmiersprache Microsoft Visual C#) beigefügt. Diese Programme können von folgendem Server des Springer-Verlages heruntergeladen werden:

http://extras.springer.com. Es wird das Programm „Installer.exe" bereitgestellt, in dem die vier Programme inkl. deren Quellcode eingebunden sind. Nach dem Starten des Instalationsprogramms können die Dateien ausgewählt werden, die auf dem Computer installiert werden sollen. Der erforderliche Speicherbedarf wird angezeigt. Die Programme können mittels „Start – Numerische Strömungssimulation in der Hydrodynamik" direkt ausgeführt werden.

Wenn die Programme verändert oder erweitert werden sollen, muss zusätzlich das **Visual Studio C# Express** auf dem Computer installiert sein, welches kostenlos von folgender Adresse heruntergeladen werden kann:

http://www.microsoft.com/germany/express/download

H. Martin, *Numerische Strömungssimulation in der Hydrodynamik*,
DOI 10.1007/978-3-642-17208-3_10, © Springer-Verlag Berlin Heidelberg 2011

Anhang

Anhang 1: Störungsverfahren zur Entwicklung der Flachwassergleichungen

Entwicklung der Flachwassergleichungen aus den Euler-Gleichungen, den Gleichungen der Kontinuität und der Wirbelfreiheit sowie aus den Randbedingungen an der freien Oberfläche und der Sohle.

Ausgangssystem:
Kontinuität:

$$\frac{\partial v_x}{\partial x} + \frac{\partial v_y}{\partial y} + \frac{\partial v_z}{\partial z} = 0 \tag{2.84}$$

Eulersche Bewegungsgleichungen:

$$\begin{aligned}
\frac{\partial v_x}{\partial t} + v_x \cdot \frac{\partial v_x}{\partial x} + v_y \cdot \frac{\partial v_x}{\partial y} + v_z \cdot \frac{\partial v_x}{\partial z} &= -\frac{1}{\rho} \cdot \frac{\partial p}{\partial x} \\
\frac{\partial v_y}{\partial t} + v_x \cdot \frac{\partial v_y}{\partial x} + v_y \cdot \frac{\partial v_y}{\partial y} + v_z \cdot \frac{\partial v_y}{\partial z} &= -\frac{1}{\rho} \cdot \frac{\partial p}{\partial y} - g \\
\frac{\partial v_z}{\partial t} + v_x \cdot \frac{\partial v_z}{\partial x} + v_y \cdot \frac{\partial v_z}{\partial y} + v_z \cdot \frac{\partial v_z}{\partial z} &= -\frac{1}{\rho} \cdot \frac{\partial p}{\partial z}
\end{aligned} \tag{2.85}$$

Wirbelfreiheit:

$$\frac{\partial v_z}{\partial y} = \frac{\partial v_y}{\partial z} \quad \frac{\partial v_x}{\partial z} = \frac{\partial v_z}{\partial x} \quad \frac{\partial v_y}{\partial x} = \frac{\partial v_x}{\partial y} \tag{2.86}$$

Randbedingungen:

$$\frac{\partial \eta}{\partial t} + v_x \cdot \frac{\partial \eta}{\partial x} + v_z \cdot \frac{\partial \eta}{\partial z} = v_y \quad \text{für } y = \eta(x,z;t) \tag{2.91}$$

$$p = 0 \quad \text{für } y = \eta(x,z;t) \tag{2.92}$$

$$v_x \cdot \frac{\partial h}{\partial x} + v_y + v_z \cdot \frac{\partial h}{\partial z} = 0 \quad \text{für } y = -h(x,z) \tag{2.93}$$

H. Martin, *Numerische Strömungssimulation in der Hydrodynamik*,
DOI 10.1007/978-3-642-17208-3, © Springer-Verlag Berlin Heidelberg 2011

Einführung neuer Variablen:

$$x^* = \frac{x}{k}, \quad y^* = \frac{y}{d}, \quad z^* = \frac{z}{k} \quad \text{und} \quad t^* = \frac{t \cdot \sqrt{g \cdot d}}{k}, \tag{2.95}$$

$$v_x^* = \frac{v_x}{\sqrt{g \cdot d}} \quad v_y^* = \frac{v_y}{\frac{k \cdot \sqrt{g \cdot d}}{d}}, \quad v_z^* = \frac{v_z}{\sqrt{g \cdot d}} \tag{2.96}$$

$$\eta^* = \frac{\eta}{d}, \quad h^* = \frac{h}{d} \quad \text{und} \quad p^* = \frac{p}{\rho \cdot g \cdot d} \tag{2.97}$$

$$\frac{\partial v_x}{\partial t} = \frac{\partial v_x^*}{\partial t^*} \cdot \frac{\partial v_x}{\partial v_x^*} \cdot \frac{\partial t^*}{\partial t} = \frac{\partial v_x^*}{\partial t^*} \cdot \sqrt{g \cdot d} \cdot \frac{\sqrt{g \cdot d}}{k} \tag{A.1}$$

$$\frac{\partial v_x}{\partial x} = \frac{\partial v_x^*}{\partial x^*} \cdot \frac{\partial v_x}{\partial v_x^*} \cdot \frac{\partial x^*}{\partial x} = \frac{\partial v_x^*}{\partial x^*} \cdot \sqrt{g \cdot d} \cdot \frac{1}{k} \tag{A.2}$$

$$\frac{\partial v_x}{\partial y} = \frac{\partial v_x^*}{\partial y^*} \cdot \frac{\partial v_x}{\partial v_x^*} \cdot \frac{\partial y^*}{\partial y} = \frac{\partial v_x^*}{\partial y^*} \cdot \sqrt{g \cdot d} \cdot \frac{1}{d} \tag{A.3}$$

$$\frac{\partial v_x}{\partial z} = \frac{\partial v_x^*}{\partial z^*} \cdot \frac{\partial v_x}{\partial v_x^*} \cdot \frac{\partial z^*}{\partial z} = \frac{\partial v_x^*}{\partial z^*} \cdot \sqrt{g \cdot d} \cdot \frac{1}{k} \tag{A.4}$$

$$\frac{\partial v_y}{\partial t} = \frac{\partial v_y^*}{\partial t^*} \cdot \frac{\partial v_y}{\partial v_y^*} \cdot \frac{\partial t^*}{\partial t} = \frac{\partial v_y^*}{\partial t^*} \cdot \sqrt{g \cdot d} \cdot \frac{k}{d} \cdot \sqrt{g \cdot d} \cdot \frac{1}{k} \tag{A.5}$$

$$\frac{\partial v_y}{\partial x} = \frac{\partial v_y^*}{\partial x^*} \cdot \frac{\partial v_y}{\partial v_y^*} \cdot \frac{\partial x^*}{\partial x} = \frac{\partial v_y^*}{\partial x^*} \cdot \sqrt{g \cdot d} \cdot \frac{k}{d} \cdot \frac{1}{k} \tag{A.6}$$

$$\frac{\partial v_y}{\partial y} = \frac{\partial v_y^*}{\partial y^*} \cdot \frac{\partial v_y}{\partial v_y^*} \cdot \frac{\partial y^*}{\partial y} = \frac{\partial v_y^*}{\partial y^*} \cdot \sqrt{g \cdot d} \cdot \frac{k}{d} \cdot \frac{1}{d} \tag{A.7}$$

$$\frac{\partial v_y}{\partial z} = \frac{\partial v_y^*}{\partial z^*} \cdot \frac{\partial v_y}{\partial v_y^*} \cdot \frac{\partial z^*}{\partial z} = \frac{\partial v_y^*}{\partial z^*} \cdot \sqrt{g \cdot d} \cdot \frac{k}{d} \cdot \frac{1}{k} \tag{A.8}$$

$$\frac{\partial v_z}{\partial t} = \frac{\partial v_z^*}{\partial t^*} \cdot \frac{\partial v_z}{\partial v_z^*} \cdot \frac{\partial t^*}{\partial t} = \frac{\partial v_z^*}{\partial t^*} \cdot \sqrt{g \cdot d} \cdot \frac{\sqrt{g \cdot d}}{k} \tag{A.9}$$

$$\frac{\partial v_z}{\partial x} = \frac{\partial v_z^*}{\partial x^*} \cdot \frac{\partial v_z}{\partial v_z^*} \cdot \frac{\partial x^*}{\partial x} = \frac{\partial v_z^*}{\partial x^*} \cdot \sqrt{g \cdot d} \cdot \frac{1}{k} \tag{A.10}$$

$$\frac{\partial v_z}{\partial y} = \frac{\partial v_z^*}{\partial y^*} \cdot \frac{\partial v_z}{\partial v_z^*} \cdot \frac{\partial y^*}{\partial y} = \frac{\partial v_z^*}{\partial y^*} \cdot \sqrt{g \cdot d} \cdot \frac{1}{d} \tag{A.11}$$

$$\frac{\partial v_z}{\partial z} = \frac{\partial v_z^*}{\partial z^*} \cdot \frac{\partial v_z}{\partial v_z^*} \cdot \frac{\partial z^*}{\partial z} = \frac{\partial v_z^*}{\partial z^*} \cdot \sqrt{g \cdot d} \cdot \frac{1}{k} \tag{A.12}$$

$$\frac{\partial p}{\partial x} = \frac{\partial p^*}{\partial x^*} \cdot \frac{\partial p}{\partial p^*} \cdot \frac{\partial x^*}{\partial x} = \frac{\partial p^*}{\partial x^*} \cdot \rho \cdot g \cdot d \cdot \frac{1}{k} \tag{A.13}$$

$$\frac{\partial p}{\partial y} = \frac{\partial p^*}{\partial y^*} \cdot \frac{\partial p}{\partial p^*} \cdot \frac{\partial y^*}{\partial y} = \frac{\partial p^*}{\partial y^*} \cdot \rho \cdot g \cdot d \cdot \frac{1}{d} \tag{A.14}$$

$$\frac{\partial p}{\partial z} = \frac{\partial p^*}{\partial z^*} \cdot \frac{\partial p}{\partial p^*} \cdot \frac{\partial z^*}{\partial z} = \frac{\partial p^*}{\partial z^*} \cdot \rho \cdot g \cdot d \cdot \frac{1}{k} \tag{A.15}$$

$$\frac{\partial \eta}{\partial t} = \frac{\partial \eta^*}{\partial t^*} \cdot \frac{\partial \eta}{\partial \eta^*} \cdot \frac{\partial t^*}{\partial t} = \frac{\partial \eta^*}{\partial t^*} d \cdot \frac{\sqrt{g \cdot d}}{k} \tag{A.16}$$

$$\frac{\partial \eta}{\partial x} = \frac{\partial \eta^*}{\partial x^*} \cdot \frac{\partial \eta}{\partial \eta^*} \cdot \frac{\partial x^*}{\partial x} = \frac{\partial \eta^*}{\partial x^*} d \cdot \frac{1}{k} \tag{A.17}$$

$$\frac{\partial \eta}{\partial z} = \frac{\partial \eta^*}{\partial z^*} \cdot \frac{\partial \eta}{\partial \eta^*} \cdot \frac{\partial z^*}{\partial z} = \frac{\partial \eta^*}{\partial z^*} d \cdot \frac{1}{k} \tag{A.18}$$

Ausgangsystem
mit neuen Variablen und Einführung des dimensionslosen Parameters

$$\sigma = \frac{d^2}{k^2}$$

(Zur Vereinfachung wurde die Kennzeichnung mit * fortgelassen)

$$\sigma \cdot \left[\frac{\partial v_x}{\partial x} + \frac{\partial v_z}{\partial z} \right] + \frac{\partial v_y}{\partial y} = 0, \tag{2.98}$$

$$\sigma \cdot \left[\frac{\partial v_x}{\partial t} + v_x \cdot \frac{\partial v_x}{\partial x} + v_z \cdot \frac{\partial v_x}{\partial z} + \frac{\partial p}{\partial x} \right] + v_y \cdot \frac{\partial v_x}{\partial y} = 0, \tag{2.99}$$

$$\sigma \cdot \left[\frac{\partial v_y}{\partial t} + v_x \cdot \frac{\partial v_y}{\partial x} + v_z \cdot \frac{\partial v_y}{\partial z} + \frac{\partial p}{\partial y} + 1 \right] + v_y \cdot \frac{\partial v_y}{\partial y} = 0, \tag{2.100}$$

$$\sigma \cdot \left[\frac{\partial v_z}{\partial t} + v_x \cdot \frac{\partial v_z}{\partial x} + v_z \cdot \frac{\partial v_z}{\partial z} + \frac{\partial p}{\partial z} \right] + v_y \cdot \frac{\partial v_z}{\partial y} = 0, \tag{2.101}$$

$$\frac{\partial v_z}{\partial y} = \frac{\partial v_y}{\partial z}, \quad \frac{\partial v_x}{\partial z} = \frac{\partial v_z}{\partial x}, \quad \frac{\partial v_y}{\partial x} = \frac{\partial v_x}{\partial y} \tag{2.102}$$

$$\sigma \cdot \left[\frac{\partial \eta}{\partial t} + v_x \cdot \frac{\partial \eta}{\partial x} + v_z \cdot \frac{\partial \eta}{\partial z} \right] = v_y \quad \text{für} \quad y = \eta, \tag{2.103}$$

$$p = 0 \quad \text{für} \quad y = \eta, \tag{2.104}$$

$$\sigma \cdot \left[v_x \cdot \frac{\partial h}{\partial x} + v_z \cdot \frac{\partial h}{\partial z} \right] + v_y = 0 \quad \text{für} \quad y = -h. \tag{2.105}$$

Abhängige Variable werden als Potenzreihen dargestellt:

$$\begin{aligned}
v_x &= v_x^{(0)} + v_x^{(1)} \cdot \sigma + v_x^{(2)} \cdot \sigma^2 + v_x^{(3)} \cdot \sigma^3 + \cdots \\
v_y &= v_y^{(0)} + v_y^{(1)} \cdot \sigma + v_y^{(2)} \cdot \sigma^2 + v_y^{(3)} \cdot \sigma^3 + \cdots \\
v_z &= v_z^{(0)} + v_z^{(1)} \cdot \sigma + v_z^{(2)} \cdot \sigma^2 + v_z^{(3)} \cdot \sigma^3 + \cdots \\
p &= p^{(0)} + p^{(1)} \cdot \sigma + p^{(2)} \cdot \sigma^2 + p^{(3)} \cdot \sigma^3 + \cdots \\
\eta &= \eta^{(0)} + \eta^{(1)} \cdot \sigma + \eta^{(2)} \cdot \sigma^2 + \eta^{(3)} \cdot \sigma^3 + \cdots
\end{aligned} \tag{A.19}$$

Einsetzen der Potenzreihen in das System (2.98) bis (2.105)

1. Aus dem Koeffizientenvergleich für σ^0 folgt:

$$v_y^{(0)} = 0 \tag*{(2.98)^0}$$

$$v_y^{(0)} \cdot \frac{\partial v_x^{(0)}}{\partial y} = 0 \tag*{(2.99)^0}$$

$$v_y^{(0)} \cdot \frac{\partial v_y^{(0)}}{\partial y} = 0 \tag*{(2.100)^0}$$

$$v_y^{(0)} \cdot \frac{\partial v_z^{(0)}}{\partial y} = 0 \tag*{(2.101)^0}$$

$$\frac{\partial v_z^{(0)}}{\partial y} = \frac{\partial v_y^{(0)}}{\partial z}, \quad \frac{\partial v_x^{(0)}}{\partial z} = \frac{\partial v_z^{(0)}}{\partial x}, \quad \frac{\partial v_y^{(0)}}{\partial x} = \frac{\partial v_x^{(0)}}{\partial y} \tag*{(2.102)^0}$$

$$v_y^{(0)} = 0 \quad \text{für} \quad y = \eta^{(0)} \tag*{(2.103)^0}$$

$$p^{(0)} = 0 \quad \text{für} \quad y = \eta^{(0)} \tag*{(2.104)^0}$$

$$v_y^{(0)} = 0 \quad \text{für} \quad y = h^{(0)} \tag*{(2.105)^0}$$

Ergebnisse:

$$v_y^{(0)} \equiv 0 \tag{A.20}$$

$$v_z^{(0)} = v_z^{(0)}(x, z; t) \tag{A.21}$$

$$v_x^{(0)} = v_x^{(0)}(x, z; t) \tag{A.22}$$

$$p^{(0)}(x, \eta^{(0)}, z; t) = 0 \tag{A.23}$$

Schlussfolgerungen:
In erster Näherung ergibt sich, dass die vertikale Geschwindigkeitskomponente null ist und dass die horizontalen Geschwindigkeitskomponenten unabhängig von y sind.

2. Aus dem Koeffizientenvergleich für σ^1 unter Beachtung von (A.20) bis (A.23) folgt:

$$\frac{\partial v_x^{(0)}}{\partial x} + \frac{\partial v_z^{(0)}}{\partial z} = -\frac{\partial v_y^{(1)}}{\partial y} \tag{2.98^1}$$

$$\frac{\partial v_x^{(0)}}{\partial t} + v_x^{(0)} \cdot \frac{\partial v_x^{(0)}}{\partial x} + v_z^{(0)} \cdot \frac{\partial v_x^{(0)}}{\partial z} + \frac{\partial p^{(0)}}{\partial x} = 0 \tag{2.99^1}$$

$$\frac{\partial p^{(0)}}{\partial y} + 1 = 0 \tag{2.100^1}$$

$$\frac{\partial v_z^{(0)}}{\partial t} + v_x^{(0)} \cdot \frac{\partial v_z^{(0)}}{\partial x} + v_z^{(0)} \cdot \frac{\partial v_z^{(0)}}{\partial z} + \frac{\partial p^{(0)}}{\partial z} = 0 \tag{2.101^1}$$

$$\frac{\partial \eta^{(0)}}{\partial t} + v_x^{(0)} \cdot \frac{\partial \eta^{(0)}}{\partial x} + v_z^{(0)} \cdot \frac{\partial \eta^{(0)}}{\partial z} = v_y^{(1)} \quad \text{für} \quad y = \eta^{(0)} \tag{2.103^1}$$

$$v_x^{(0)} \cdot \frac{\partial h}{\partial x} + v_z^{(0)} \cdot \frac{\partial h}{\partial z} + v_y^{(1)} = 0 \quad \text{für} \quad y = -h \tag{2.105^1}$$

Die Gl. (2.98)[1] kann integriert werden, da $v_x^{(0)}$ und $v_z^{(0)}$ von y unabhängig sind. Man erhält

$$v_y^{(1)} = -\left(\frac{\partial v_x^{(0)}}{\partial x} + \frac{\partial v_z^{(0)}}{\partial z}\right) \cdot y + C(x, z; t). \tag{A.24}$$

Die hinzugefügte Funktion $C(x, z; t)$ kann mit Gl. (2.105)[1] bestimmt werden. Damit wird

$$v_y^{(1)} = -\left(\frac{\partial v_x^{(0)}}{\partial x} + \frac{\partial v_z^{(0)}}{\partial z}\right) \cdot y - \left[\frac{\partial\left(v_x^{(0)} \cdot h\right)}{\partial x} + \frac{\partial\left(v_z^{(0)} \cdot h\right)}{\partial z}\right]_{y=-h} \tag{A.25}$$

In einfacher Weise kann auch die Gl. (2.100)[1] integriert werden:

$$p^{(0)}(x, y, z; t) = -y + F(x, z; t) \tag{A.26}$$

Die hinzugefügte Funktion kann mit Gl. (A.23) bestimmt werden:

$$0 = -\eta^{(0)}(x, z; t) + F(x, z; t) \tag{A.27}$$

Damit ergibt sich aus Gl. (A.26)

$$p^{(0)}(x, y, z; t) = \eta^{(0)}(x, z; t) - y \tag{A.28}$$

Schlussfolgerungen:
In zweiter Näherung ist also die vertikale Geschwindigkeitskomponente linear von der Tiefe abhängig und in erster Näherung ergibt sich eine hydrostatische Druckverteilung.

Setzt man nun die Ergebnisse für $v_y^{(1)}$ und $p^{(0)}$ aus den Gl. (A.25) und (A.28) in die Gl. $(2.99)^1$, $(2.101)^1$ sowie $(2.103)^1$ ein und führt eine Rücktransformation auf die dimensionsbehafteten Variablen durch, so erhält man schließlich die Grundgleichungen in der Form

$$\begin{aligned}
&\frac{\partial v_x}{\partial t} + v_x \cdot \frac{\partial v_x}{\partial x} + v_z \cdot \frac{\partial v_x}{\partial z} + g \cdot \frac{\partial \eta}{\partial x} = 0, \\
&\frac{\partial v_z}{\partial t} + v_x \cdot \frac{\partial v_z}{\partial x} + v_z \cdot \frac{\partial v_z}{\partial z} + g \cdot \frac{\partial \eta}{\partial z} = 0, \\
&\frac{\partial \eta}{\partial t} + \frac{\partial [v_x \cdot (\eta + h)]}{\partial x} + \frac{\partial [v_z \cdot (\eta + h)]}{\partial z} = 0.
\end{aligned} \tag{2.107}$$

Anhang 2: Thomas-Algorithmus

Thomas-Algorithmus zur Lösung von linearen Gleichungssystemen mit einer Tridiagonalmatrix.

Ein tridiagonales System kann in Matrizenform wie folgt geschrieben werden:

$$\begin{vmatrix} b_1 & c_1 & 0 & 0 & 0 & 0 \\ a_2 & b_2 & c_2 & 0 & 0 & 0 \\ 0 & a_3 & b_3 & c_3 & 0 & 0 \\ . & . & . & . & . & . \\ . & . & . & . & . & c_{n-1} \\ 0 & 0 & 0 & 0 & a_n & b_n \end{vmatrix} \cdot \begin{vmatrix} x_1 \\ x_2 \\ x_3 \\ . \\ . \\ x_n \end{vmatrix} = \begin{vmatrix} d_1 \\ d_2 \\ d_3 \\ . \\ . \\ d_n \end{vmatrix}$$

Im Vorwärts-Durchlauf werden alle a_i eliminiert durch die Ermittlung von folgenden modifizierten Koeffizienten:

$$c'_1 = \frac{c_1}{b_1}$$

$$c'_i = \frac{c_i}{b_i - c'_{i-1} \cdot a_i} \quad \text{für} \quad i = 2, 3, \ldots, n-1$$

bzw.

$$d'_1 = \frac{d_1}{b1}$$

$$d'_i = \frac{d_i - d'_{i-1} \cdot a_i}{b_i - c'_{i-1} \cdot a_i} \quad \text{für} \quad i = 2, 3, \ldots, n.$$

Die Lösung ergibt sich aus dem Rückwärts-Durchlauf:

$$x_n = d'_n$$

$$x_i = d'_i - c'_i \cdot x_{i+1} \quad \text{für} \quad i = n-1, n-2, \ldots, 1$$

Anhang 3/1: Tabelle der Werte der Stromlinien-Funktion im Beispiel 2

Werte der Stromfunktion Ψ im Beispiel 2.

i-Werte

0	1	2	3	4	5	6	7	8	9	10	11	12	13	14	15	16	17	18	19	20	21	22	23	24	25	26	27
1,0000	1,0000	1,0000	1,0000	1,0000	1,0000	1,0000	1,0000	1,0000	1,0000	1,0000	1,0000	1,0000	1,0000	1,0000	1,0000	0,0000	0,0000	0,0000	0,0000	0,0000	0,0000	0,0000	0,0000	0,0000	0,0000	0,0000	0,0000
0,9500	0,9506	0,9513	0,9520	0,9528	0,9536	0,9545	0,9556	0,9568	0,9583	0,9599	0,9619	0,9643	0,9671	0,9706	0,9751	0,9814	0,9897	1,0000	0,0000	0,0000	0,0000	0,0000	0,0000	0,0000	0,0000	0,0000	0,0000
0,9000	0,9013	0,9026	0,9040	0,9055	0,9071	0,9090	0,9111	0,9135	0,9163	0,9196	0,9235	0,9281	0,9336	0,9403	0,9485	0,9585	0,9706	0,9847	1,0000	0,0000	0,0000	0,0000	0,0000	0,0000	0,0000	0,0000	0,0000
0,8500	0,8519	0,8538	0,8558	0,8580	0,8604	0,8631	0,8662	0,8697	0,8738	0,8786	0,8843	0,8910	0,8990	0,9085	0,9200	0,9336	0,9496	0,9680	0,9881	0,0000	0,0000	0,0000	0,0000	0,0000	0,0000	0,0000	0,0000
0,8000	0,8024	0,8049	0,8075	0,8103	0,8134	0,8169	0,8209	0,8254	0,8307	0,8368	0,8441	0,8526	0,8628	0,8748	0,8892	0,9063	0,9263	0,9496	0,9756	0,0000	0,0000	0,0000	0,0000	0,0000	0,0000	0,0000	0,0000
0,7500	0,7529	0,7559	0,7590	0,7624	0,7661	0,7702	0,7750	0,7804	0,7866	0,7939	0,8025	0,8126	0,8246	0,8389	0,8558	0,8759	0,8999	0,9283	0,9616	1,0000	0,0000	0,0000	0,0000	0,0000	0,0000	0,0000	0,0000
0,7000	0,7033	0,7067	0,7102	0,7141	0,7183	0,7230	0,7284	0,7345	0,7416	0,7498	0,7595	0,7708	0,7842	0,8002	0,8191	0,8418	0,8691	0,9021	0,9426	0,9939	0,0000	0,0000	0,0000	0,0000	0,0000	0,0000	0,0000
0,6500	0,6536	0,6573	0,6612	0,6654	0,6700	0,6752	0,6810	0,6877	0,6954	0,7043	0,7147	0,7269	0,7414	0,7585	0,7788	0,8031	0,8325	0,8683	0,9130	0,9703	0,0000	0,0000	0,0000	0,0000	0,0000	0,0000	0,0000
0,6000	0,6038	0,6078	0,6119	0,6164	0,6212	0,6267	0,6328	0,6398	0,6479	0,6573	0,6682	0,6809	0,6959	0,7135	0,7345	0,7594	0,7894	0,8258	0,8707	0,9271	1,0000	0,0000	0,0000	0,0000	0,0000	0,0000	0,0000
0,5500	0,5540	0,5580	0,5623	0,5669	0,5719	0,5775	0,5838	0,5910	0,5992	0,6087	0,6198	0,6326	0,6477	0,6653	0,6861	0,7107	0,7399	0,7748	0,8168	0,8674	0,9285	1,0000	0,0000	0,0000	0,0000	0,0000	0,0000
0,5000	0,5040	0,5081	0,5124	0,5170	0,5220	0,5276	0,5339	0,5411	0,5493	0,5587	0,5695	0,5822	0,5969	0,6140	0,6340	0,6574	0,6848	0,7168	0,7542	0,7974	0,8464	0,8990	0,9492	0,9864	1,0000	1,0000	1,0000
0,4500	0,4539	0,4579	0,4621	0,4667	0,4716	0,4771	0,4832	0,4902	0,4981	0,5072	0,5175	0,5297	0,5437	0,5598	0,5785	0,6001	0,6249	0,6534	0,6857	0,7217	0,7606	0,8003	0,8367	0,8648	0,8810	0,8886	0,8926
0,4000	0,4037	0,4076	0,4116	0,4159	0,4206	0,4259	0,4317	0,4383	0,4458	0,4543	0,4641	0,4754	0,4883	0,5032	0,5201	0,5395	0,5615	0,5862	0,6136	0,6432	0,6742	0,7048	0,7327	0,7551	0,7708	0,7806	0,7868
0,3500	0,3535	0,3571	0,3608	0,3648	0,3692	0,3740	0,3794	0,3855	0,3924	0,4002	0,4092	0,4194	0,4311	0,4443	0,4594	0,4764	0,4954	0,5164	0,5392	0,5633	0,5880	0,6121	0,6340	0,6523	0,6663	0,6763	0,6833
0,3000	0,3032	0,3064	0,3098	0,3134	0,3173	0,3217	0,3265	0,3319	0,3381	0,3451	0,3530	0,3620	0,3722	0,3838	0,3967	0,4112	0,4273	0,4447	0,4634	0,4829	0,5025	0,5215	0,5389	0,5538	0,5658	0,5750	0,5818
0,2500	0,2527	0,2556	0,2585	0,2616	0,2651	0,2688	0,2730	0,2777	0,2830	0,2890	0,2957	0,3034	0,3120	0,3218	0,3326	0,3446	0,3577	0,3719	0,3868	0,4023	0,4177	0,4326	0,4462	0,4582	0,4681	0,4761	0,4822
0,2000	0,2023	0,2046	0,2070	0,2096	0,2125	0,2156	0,2190	0,2229	0,2272	0,2321	0,2375	0,2438	0,2508	0,2586	0,2673	0,2768	0,2872	0,2982	0,3098	0,3217	0,3335	0,3448	0,3553	0,3646	0,3725	0,3789	0,3841
0,1500	0,1518	0,1535	0,1554	0,1574	0,1596	0,1620	0,1646	0,1676	0,1709	0,1746	0,1788	0,1835	0,1888	0,1947	0,2012	0,2082	0,2159	0,2240	0,2325	0,2411	0,2497	0,2579	0,2655	0,2724	0,2782	0,2831	0,2871
0,1000	0,1012	0,1024	0,1037	0,1050	0,1065	0,1081	0,1099	0,1119	0,1141	0,1166	0,1195	0,1226	0,1262	0,1301	0,1344	0,1391	0,1442	0,1495	0,1551	0,1607	0,1663	0,1716	0,1766	0,1811	0,1850	0,1883	0,1909
0,0500	0,0506	0,0512	0,0519	0,0525	0,0533	0,0541	0,0550	0,0560	0,0571	0,0584	0,0598	0,0614	0,0632	0,0651	0,0673	0,0696	0,0722	0,0748	0,0776	0,0803	0,0831	0,0857	0,0882	0,0904	0,0923	0,0940	0,0953
0,0000	0,0000	0,0000	0,0000	0,0000	0,0000	0,0000	0,0000	0,0000	0,0000	0,0000	0,0000	0,0000	0,0000	0,0000	0,0000	0,0000	0,0000	0,0000	0,0000	0,0000	0,0000	0,0000	0,0000	0,0000	0,0000	0,0000	0,0000

Anhang 3/2: Tabelle der Werte der Stromlinien-Funktion im Beispiel 2

Werte der Stromfunktion Ψ im Beispiel 2.

i-Werte

28	29	30	31	32	33	34	35	36	37	38	39	40	41	42	43	44	45	46	47	48	49
0,0000	0,0000	0,0000	0,0000	0,0000	0,0000	0,0000	0,0000	0,0000	0,0000	0,0000	0,0000	0,0000	0,0000	0,0000	0,0000	0,0000	0,0000	0,0000	0,0000	0,0000	0,0000
0,0000	0,0000	0,0000	0,0000	0,0000	0,0000	0,0000	0,0000	0,0000	0,0000	0,0000	0,0000	0,0000	0,0000	0,0000	0,0000	0,0000	0,0000	0,0000	0,0000	0,0000	0,0000
0,0000	0,0000	0,0000	0,0000	0,0000	0,0000	0,0000	0,0000	0,0000	0,0000	0,0000	0,0000	0,0000	0,0000	0,0000	0,0000	0,0000	0,0000	0,0000	0,0000	0,0000	0,0000
0,0000	0,0000	0,0000	0,0000	0,0000	0,0000	0,0000	0,0000	0,0000	0,0000	0,0000	0,0000	0,0000	0,0000	0,0000	0,0000	0,0000	0,0000	0,0000	0,0000	0,0000	0,0000
0,0000	0,0000	0,0000	0,0000	0,0000	0,0000	0,0000	0,0000	0,0000	0,0000	0,0000	0,0000	0,0000	0,0000	0,0000	0,0000	0,0000	0,0000	0,0000	0,0000	0,0000	0,0000
0,0000	0,0000	0,0000	0,0000	0,0000	0,0000	0,0000	0,0000	0,0000	0,0000	0,0000	0,0000	0,0000	0,0000	0,0000	0,0000	0,0000	0,0000	0,0000	0,0000	0,0000	0,0000
0,0000	0,0000	0,0000	0,0000	0,0000	0,0000	0,0000	0,0000	0,0000	0,0000	0,0000	0,0000	0,0000	0,0000	0,0000	0,0000	0,0000	0,0000	0,0000	0,0000	0,0000	0,0000
0,0000	0,0000	0,0000	0,0000	0,0000	0,0000	0,0000	0,0000	0,0000	0,0000	0,0000	0,0000	0,0000	0,0000	0,0000	0,0000	0,0000	0,0000	0,0000	0,0000	0,0000	0,0000
0,0000	0,0000	0,0000	0,0000	0,0000	0,0000	0,0000	0,0000	0,0000	0,0000	0,0000	0,0000	0,0000	0,0000	0,0000	0,0000	0,0000	0,0000	0,0000	0,0000	0,0000	0,0000
0,0000	0,0000	0,0000	0,0000	0,0000	0,0000	0,0000	0,0000	0,0000	0,0000	0,0000	0,0000	0,0000	0,0000	0,0000	0,0000	0,0000	0,0000	0,0000	0,0000	0,0000	0,0000
1,0000	1,0000	1,0000	1,0000	1,0000	1,0000	1,0000	1,0000	1,0000	1,0000	1,0000	1,0000	1,0000	1,0000	1,0000	1,0000	1,0000	1,0000	1,0000	1,0000	1,0000	1,0000
0,8950	0,8965	0,8976	0,8983	0,8988	0,8991	0,8993	0,8995	0,8997	0,8997	0,8998	0,8999	0,8999	0,8999	0,8999	0,9000	0,9000	0,9000	0,9000	0,9000	0,9000	0,9000
0,7909	0,7936	0,7954	0,7967	0,7976	0,7983	0,7988	0,7991	0,7993	0,7995	0,7996	0,7997	0,7998	0,7999	0,7999	0,7999	0,7999	0,8000	0,8000	0,8000	0,8000	0,8000
0,6881	0,6915	0,6939	0,6956	0,6968	0,6977	0,6983	0,6988	0,6991	0,6993	0,6995	0,6996	0,6997	0,6998	0,6999	0,6999	0,6999	0,6999	0,7000	0,7000	0,7000	0,7000
0,5868	0,5904	0,5930	0,5949	0,5963	0,5973	0,5980	0,5986	0,5989	0,5992	0,5994	0,5996	0,5997	0,5998	0,5998	0,5999	0,5999	0,5999	0,5999	0,6000	0,6000	0,6000
0,4868	0,4903	0,4929	0,4948	0,4962	0,4972	0,4979	0,4985	0,4989	0,4992	0,4994	0,4996	0,4997	0,4998	0,4998	0,4999	0,4999	0,4999	0,4999	0,4999	0,5000	0,5000
0,3881	0,3911	0,3934	0,3951	0,3964	0,3974	0,3981	0,3986	0,3990	0,3992	0,3994	0,3996	0,3997	0,3998	0,3998	0,3999	0,3999	0,3999	0,3999	0,4000	0,4000	0,4000
0,2902	0,2927	0,2945	0,2959	0,2970	0,2978	0,2984	0,2988	0,2991	0,2993	0,2995	0,2996	0,2997	0,2998	0,2999	0,2999	0,2999	0,2999	0,3000	0,3000	0,3000	0,3000
0,1931	0,1948	0,1961	0,1971	0,1978	0,1984	0,1988	0,1991	0,1994	0,1995	0,1997	0,1997	0,1998	0,1999	0,1999	0,1999	0,1999	0,2000	0,2000	0,2000	0,2000	0,2000
0,0964	0,0973	0,0980	0,0985	0,0989	0,0992	0,0994	0,0995	0,0997	0,0998	0,0998	0,0999	0,0999	0,0999	0,0999	0,1000	0,1000	0,1000	0,1000	0,1000	0,1000	0,1000
0,0000	0,0000	0,0000	0,0000	0,0000	0,0000	0,0000	0,0000	0,0000	0,0000	0,0000	0,0000	0,0000	0,0000	0,0000	0,0000	0,0000	0,0000	0,0000	0,0000	0,0000	0,0000

Anhang 4: Verlauf der Stromlinien im Beispiel 2

Stromlinien im Beispiel 2 (aus dem Programm „Laplace").

Anhang 5: Druckkoeffizienten Cp im Beispiel 2

Zusammenstellung der Druckkoeffizienten Cp im Beispiel 2.

i-Werte	Cp_o	Cp_u	i-Werte	Cp_o	Cp_u
0	0	0	23	−6,309	−2,110
1	0,0257	−0,024	24	−6,308	−2,269
2	0,0517	−0,049	25	−4,660	−2,410
3	0,0788	−0,075	26	−3,967	−2,533
4	0,1077	−0,104	27	−3,613	−2,636
5	0,1389	−0,135	28	−3,409	−2,719
6	0,1734	−0,170	29	−3,281	−2,786
7	0,2117	−0,210	30	−3,197	−2,839
8	0,2547	−0,254	31	−3,140	−2,879
9	0,3033	−0,305	32	−3,100	−2,910
10	0,3581	−0,364	33	−3,072	−2,933
11	0,4201	−0,431	34	−3,052	−2,950
12	0,4598	−0,508	35	−3,038	−2,963
13	0,5681	−0,596	36	−3,027	−2,973
14	0,6554	−0,697	37	−3,020	−2,980
15	0,7527	−0,811	38	−3,014	−2,985
16	0,8220	−0,940	39	−3,010	−2,989
17	0,8597	−1,082	40	−3,007	−2,992
18	0,8638	−1,238	41	−3,005	−2,994
19	0,8488	−1,405	42	−3,004	−2,995
19,58	0,8036	−1,507	43	−3,003	−2,996
19,98	0,6912	−1,561	44	−3,002	−2,997
20	0,6533	−1,581	45	−3,001	−2,998
20,10	−0,064	−1,599	46	−3,001	−2,998
20,42	−1,733	−1,657	47	−3,001	−2,998
21	−3,173	−1,761	48	−3,001	−2,998
22	−5,130	−1,939	49	−3,001	−2,998

Anhang 6/1: Variablen nach dem 1. Iterationsschritt im Beispiel 3

Variablen nach dem 1. Iterationsschritt im Beispiel 3 (Programm „Stoker").

	0	1	2	3	4	5	6	7	8	9	10	11
dg	2,0000e-001	1,9500e-001	1,8500e-001	1,7500e-001	1,6500e-001	1,5500e-001	1,4500e-001	1,3500e-001	1,2500e-001	1,1500e-001	1,0500e-001	1,0000e-001
ag	3,1416e-002	2,9865e-002	2,6880e-002	2,4053e-002	2,1382e-002	1,8869e-002	1,6513e-002	1,4314e-002	1,2272e-002	1,0387e-002	8,6590e-003	7,8540e-003
ug	0,0000e+000	6,1261e-001	5,8119e-001	5,4978e-001	5,1836e-001	4,8695e-001	4,5553e-001	4,2412e-001	3,9270e-001	3,6128e-001	3,2987e-001	3,1416e-001
rg	0,0000e+000	4,8750e-002	4,6250e-002	4,3750e-002	4,1250e-002	3,8750e-002	3,6250e-002	3,3750e-002	3,1250e-002	2,8750e-002	2,6250e-002	2,5000e-002
fg	0,0000e+000	1,0256e+000	1,0541e+000	1,0571e+000	1,0606e+000	1,0645e+000	1,0690e+000	1,0741e+000	1,0800e+000	1,0870e+000	1,0952e+000	1,0500e+000
v	3,5355e+000	3,7192e+000	4,1321e+000	4,6178e+000	5,1945e+000	5,8864e+000	6,7263e+000	7,7597e+000	9,0510e+000	1,0693e+001	1,2827e+001	1,4142e+001
p	1,0000e+005	9,0000e+004	8,0000e+004	7,0000e+004	6,0000e+004	5,0000e+004	4,0000e+004	3,0000e+004	2,0000e+004	1,0000e+004	0,0000e+000	0,0000e+000
A	0,0000e+000	5,9498e-006	4,6069e-006	3,8231e-006	3,1948e-006	2,6436e-006	2,1470e-006	1,7022e-006	1,3119e-006	9,7897e-007	7,0428e-007	5,2891e-007
B	0,0000e+000	-1,0557e-005	-8,4301e-006	-7,0179e-006	-5,8384e-006	-4,7906e-006	-3,8492e-006	-3,0141e-006	-2,2908e-006	-1,6832e-006	-1,2332e-006	0,0000e+000
C	0,0000e+000	4,6069e-006	3,8231e-006	3,1948e-006	2,6436e-006	2,1470e-006	1,7022e-006	1,3119e-006	9,7897e-007	7,0428e-007	0,0000e+000	0,0000e+000
D	0,0000e+000	2,6399e-003	-5,6506e-003	-8,2130e-003	-8,4121e-003	-7,7122e-003	-6,7434e-003	-5,7713e-003	-4,9046e-003	-4,1847e-003	1,3868e-002	0,0000e+000
e	0,0000e+000	-4,3640e-001	-5,9554e-001	-6,7385e-001	-7,1728e-001	-7,4178e-001	-7,5432e-001	-7,5828e-001	-7,5533e-001	-7,4621e-001	0,0000e+000	0,0000e+000
f	0,0000e+000	-2,5007e+002	7,0074e+002	2,2974e+003	4,2739e+003	6,5680e+003	9,2374e+003	1,2425e+004	1,6360e+004	2,1404e+004	0,0000e+000	0,0000e+000
dp	0,0000e+000	5,6939e+003	1,3621e+004	2,1694e+004	2,8785e+004	3,4173e+004	3,7214e+004	3,7089e+004	3,2527e+004	2,1404e+004	0,0000e+000	0,0000e+000
v1	3,5355e+000	4,8939e+000	5,5355e+000	5,9513e+000	6,3104e+000	6,7051e+000	7,1948e+000	7,8291e+000	8,6616e+000	9,7612e+000	1,1226e+001	0,0000e+000
v2	0,0000e+000	3,4012e+000	3,7156e+000	4,2974e+000	5,0234e+000	5,8454e+000	6,7718e+000	7,8441e+000	9,1283e+000	1,0718e+001	1,2749e+001	0,0000e+000
v3	3,5140e+000	3,6965e+000	4,1070e+000	4,5897e+000	5,1629e+000	5,8506e+000	6,6854e+000	7,7125e+000	8,9959e+000	1,0628e+001	1,2749e+001	1,4056e+001
p3	1,0000e+005	9,5694e+004	9,3621e+004	9,1694e+004	8,8785e+004	8,4173e+004	7,7214e+004	6,7089e+004	5,2527e+004	3,1404e+004	0,0000e+000	0,0000e+000
eF	5,4232e-002											
It	1,0000e+000											

1. Schritt | Vollständig | Beenden

Anhang 6/2: Variablen nach dem 15. Iterationsschritt im Beispiel 3

Variablen nach 15 Iterationsschritten im Beispiel 3 (Programm „Stoker").

	0	1	2	3	4	5	6	7	8	9	10	11
dg	2,0000e-001	1,9500e-001	1,8500e-001	1,7500e-001	1,6500e-001	1,5500e-001	1,4500e-001	1,3500e-001	1,2500e-001	1,1500e-001	1,0500e-001	1,0000e-001
ag	3,1416e-002	2,9865e-002	2,6880e-002	2,4053e-002	2,1382e-002	1,8869e-002	1,6513e-002	1,4314e-002	1,2272e-002	1,0387e-002	8,6590e-003	7,8540e-003
ug	0,0000e+000	6,1261e-001	5,8119e-001	5,4978e-001	5,1836e-001	4,8695e-001	4,5553e-001	4,2412e-001	3,9270e-001	3,6128e-001	3,2987e-001	3,1416e-001
rg	0,0000e+000	4,8750e-002	4,6250e-002	4,3750e-002	4,1250e-002	3,8750e-002	3,6250e-002	3,3750e-002	3,1250e-002	2,8750e-002	2,6250e-002	2,5000e-002
fg	0,0000e+000	1,0256e+000	1,0541e+000	1,0571e+000	1,0606e+000	1,0645e+000	1,0690e+000	1,0741e+000	1,0800e+000	1,0870e+000	1,0952e+000	1,0500e+000
v	3,1257e+000	3,2881e+000	3,6531e+000	4,0826e+000	4,5924e+000	5,2041e+000	5,9467e+000	6,8603e+000	8,0018e+000	9,4540e+000	1,1340e+001	1,2503e+001
p	1,0000e+005	9,9202e+004	9,7143e+004	9,4441e+004	9,0836e+004	8,5910e+004	7,9062e+004	6,9322e+004	5,5085e+004	3,3610e+004	0,0000e+000	0,0000e+000
A	0,0000e+000	8,8607e-006	6,9817e-006	5,5739e-006	4,3917e-006	3,4069e-006	2,5982e-006	1,9430e-006	1,4203e-006	1,0110e-006	6,9729e-007	5,2891e-007
B	0,0000e+000	-1,5842e-005	-1,2556e-005	-9,9656e-006	-7,7986e-006	-6,0051e-006	-4,5412e-006	-3,3633e-006	-2,4314e-006	-1,7083e-006	-1,2262e-006	0,0000e+000
C	0,0000e+000	6,9817e-006	5,5739e-006	4,3917e-006	3,4069e-006	2,5982e-006	1,9430e-006	1,4203e-006	1,0110e-006	6,9729e-007	0,0000e+000	0,0000e+000
D	0,0000e+000	4,3419e-005	-1,4856e-006	-2,4177e-005	1,3420e-005	6,2347e-006	-2,2533e-006	-1,5447e-006	9,6659e-007	1,8504e-006	1,2894e-002	0,0000e+000
e	0,0000e+000	-4,4069e-001	-5,8804e-001	-6,5666e-001	-6,9320e-001	-7,1312e-001	-7,2274e-001	-7,2501e-001	-7,2133e-001	-7,1223e-001	0,0000e+000	0,0000e+000
f	0,0000e+000	-2,7407e+000	-1,8619e+000	2,0632e+000	-8,8688e-001	-2,5405e+000	-1,6171e+000	-8,1540e-001	-1,5160e+000	-3,4555e+000	0,0000e+000	0,0000e+000
dp	0,0000e+000	-3,8394e+000	-2,4933e+000	-1,0737e+000	-4,7770e+000	-5,6119e+000	-4,3069e+000	-3,7217e+000	-4,0086e+000	-3,4555e+000	0,0000e+000	0,0000e+000
v1	3,1257e+000	3,2862e+000	3,6527e+000	4,0820e+000	4,5906e+000	5,2028e+000	5,9456e+000	6,8588e+000	8,0000e+000	9,4519e+000	1,1338e+001	0,0000e+000
v2	0,0000e+000	3,2873e+000	3,6523e+000	4,0817e+000	4,5914e+000	5,2030e+000	5,9453e+000	6,8588e+000	8,0001e+000	9,4519e+000	1,1338e+001	0,0000e+000
v3	3,1250e+000	3,2873e+000	3,6523e+000	4,0817e+000	4,5914e+000	5,2030e+000	5,9453e+000	6,8588e+000	8,0001e+000	9,4519e+000	1,1338e+001	1,2500e+001
p3	1,0000e+005	9,9198e+004	9,7141e+004	9,4440e+004	9,0831e+004	8,5905e+004	7,9058e+004	6,9318e+004	5,5081e+004	3,3606e+004	0,0000e+000	0,0000e+000
eF	9,5351e-005											
It	1,5000e+001											

1. Schritt | Vollständig | Beenden

Anhang 7/1: Anfangswerte der Variablen im Beispiel 4

Anfangswerte der Variablen im Beispiel 4 (Programm „SaintVenant").

ak	0,0000e+000	0,0000e+000	0,0000e+000	0,0000e+000	0,0000e+000	0,0000e+000	0,0000e+000	0,0000e+000	0,0000e+000
	0,0000e+000	0,0000e+000	0,0000e+000	0,0000e+000	0,0000e+000	0,0000e+000	0,0000e+000	0,0000e+000	0,0000e+000
bk	1,2263e+002	1,2263e+002	1,2263e+002	1,2263e+002	1,2263e+002	1,2263e+002	1,2263e+002	1,2263e+002	1,2263e+002
	0,0000e+000	0,0000e+000	0,0000e+000	0,0000e+000	0,0000e+000	0,0000e+000	0,0000e+000	0,0000e+000	0,0000e+000
ck	0,0000e+000	0,0000e+000	0,0000e+000	0,0000e+000	0,0000e+000	0,0000e+000	0,0000e+000	0,0000e+000	0,0000e+000
	0,0000e+000	0,0000e+000	0,0000e+000	0,0000e+000	0,0000e+000	0,0000e+000	0,0000e+000	0,0000e+000	0,0000e+000
rh	2,5000e+000	2,5000e+000	2,5000e+000	2,5000e+000	2,5000e+000	2,5000e+000	2,5000e+000	2,5000e+000	2,5000e+000
	0,0000e+000	0,0000e+000	0,0000e+000	0,0000e+000	0,0000e+000	0,0000e+000	0,0000e+000	0,0000e+000	0,0000e+000
h	5,0000e+000	5,0000e+000	5,0000e+000	5,0000e+000	5,0000e+000	5,0000e+000	5,0000e+000	5,0000e+000	5,0000e+000
	0,0000e+000	0,0000e+000	0,0000e+000	0,0000e+000	0,0000e+000	0,0000e+000	0,0000e+000	0,0000e+000	0,0000e+000
v	0,0000e+000	0,0000e+000	0,0000e+000	0,0000e+000	0,0000e+000	0,0000e+000	0,0000e+000	0,0000e+000	0,0000e+000
	0,0000e+000	0,0000e+000	0,0000e+000	0,0000e+000	0,0000e+000	0,0000e+000	0,0000e+000	0,0000e+000	0,0000e+000

1. Schritt

Vollständig

Beenden

Wasserspiegel

Kanalsole

Anhang 7/2: Ergebnisse und Wasserspiegellage im Kanal nach 15,7 s im Beispiel 4

Ergebnisse und Wasserspiegellage im Kanal nach 15,7 s im Beispiel 4 (Programm „SaintVenant").

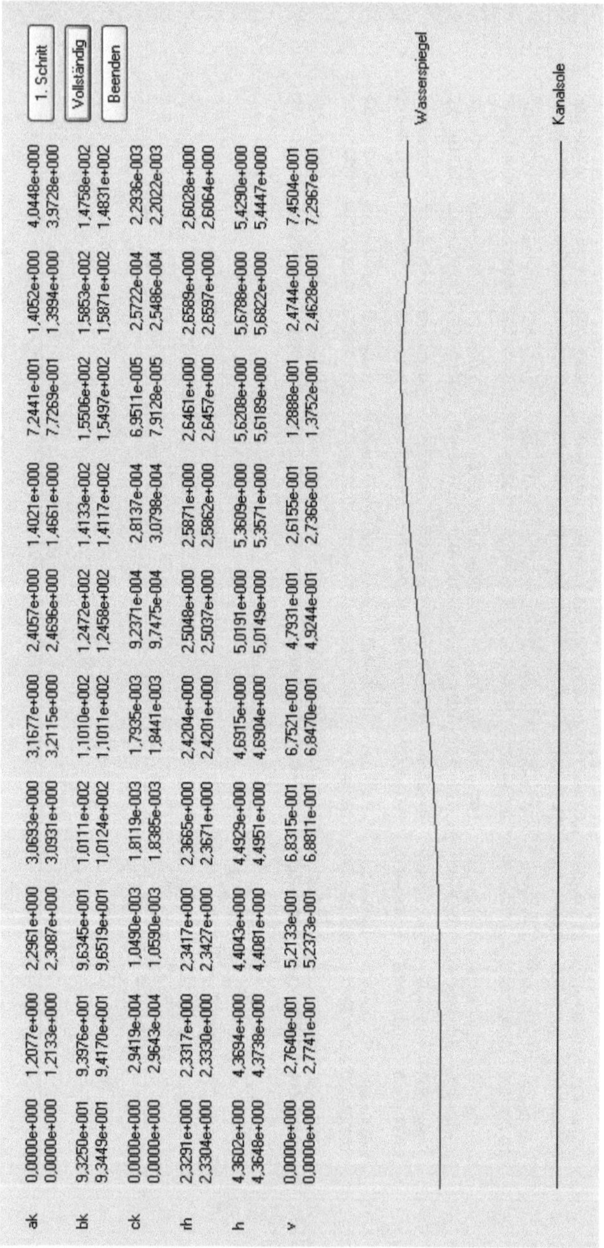

ak	0,0000e+000	1,2077e+000	2,2961e+000	3,0693e+000	3,1677e+000	2,4057e+000	1,4021e+000	7,2441e-001	1,4052e+000	4,0448e+000
	0,0000e+000	1,2133e+000	2,3087e+000	3,0931e+000	3,2115e+000	2,4696e+000	1,4661e+000	7,7269e-001	1,3394e+000	3,9728e+000
bk	9,3250e+001	9,3976e+001	9,6345e+001	1,0111e+002	1,1010e+002	1,2472e+002	1,4133e+002	1,5506e+002	1,5853e+002	1,4758e+002
	9,3449e+001	9,4170e+001	9,6519e+001	1,0124e+002	1,1011e+002	1,2458e+002	1,4117e+002	1,5497e+002	1,5871e+002	1,4831e+002
ck	0,0000e+000	2,9419e-004	1,0490e-003	1,8119e-003	1,7935e-003	9,2371e-004	2,8137e-004	6,9511e-005	2,5722e-004	2,2936e-003
	0,0000e+000	2,9643e-004	1,0590e-003	1,8385e-003	1,8441e-003	9,7475e-004	3,0798e-004	7,9128e-005	2,5486e-004	2,2022e-003
rh	2,3291e+000	2,3317e+000	2,3417e+000	2,3665e+000	2,4204e+000	2,5048e+000	2,5871e+000	2,6461e+000	2,6589e+000	2,6028e+000
	2,3304e+000	2,3330e+000	2,3427e+000	2,3671e+000	2,4201e+000	2,5037e+000	2,5862e+000	2,6457e+000	2,6597e+000	2,6064e+000
h	4,3602e+000	4,3694e+000	4,4043e+000	4,4929e+000	4,6915e+000	5,0191e+000	5,3609e+000	5,6208e+000	5,6788e+000	5,4290e+000
	4,3648e+000	4,3738e+000	4,4081e+000	4,4951e+000	4,6904e+000	5,0149e+000	5,3571e+000	5,6189e+000	5,6822e+000	5,4447e+000
v	0,0000e+000	2,7640e-001	5,2133e-001	6,8315e-001	6,7521e-001	4,7931e-001	2,6155e-001	1,2888e-001	2,4744e-001	7,4504e-001
	0,0000e+000	2,7741e-001	5,2373e-001	6,8811e-001	6,8470e-001	4,9244e-001	2,7366e-001	1,3752e-001	2,4628e-001	7,2967e-001

1. Schritt

Vollständig

Beenden

Wasserspiegel

Kanalsole

Literatur

Abed WA (2007) Finite-Volumen-Methode zur Lösung von Advektions-Diffusionsgleichungen – ein objektorientierter Entwurf. Masterarbeit, Leibnitz Universität Hannover

Barré de Saint-Venant AJC (1871) Théorie du mouvement non permanent des eaux, avec application aux crues des rivières et à l'introduction des marées dans leurs lits. C.R. de l'Acad Sci 73:147–154

Bollrich G (1989) Technische Hydromechanik 2. Verlag für Bauwesen, Berlin

Bollrich G (2007) Technische Hydromechanik 1. Grundlagen, 6. Aufl. Huss-Medien, Berlin

Cebeci T (2004) Turbulence models and their application. Springer, Berlin

Courant R, Friedrichs KO (1948) Supersonic flow and shock waves. Interscience, New York

Domke E (1990) Vektoranalysis. Wissenschaftsverlag, Mannheim

Faure J, Nahas N (1961) Deux problèmes de mouvements non permanentes à surface libre résolus sur ordinateurs électroniques. IX. Internationaler Kongress der IAHR, Dubrovnik

Ferziger JH, Perić M (2008) Numerische Strömungsmechanik. Springer, Berlin

Friedrichs KO (1948) On the derivation of the shallow water theory. In: Stoker JJ (ed) The formation of breakers and bores. Appendix. Commun Pure Appl Math 1(1):1–87

Graf WH (1998) Fluvial hydraulics. Flow and transport processes in channels of simple geometry. Wiley, Chichester

Hirsch C (1989) Numerical computation of internal and external flows, 1. Aufl.: fundamentals of numerical discretization. Wiley, Chichester

Hirte R (2003) Lineare Gleichungssysteme. http://www.rhirte.de/vb/home.htm

von Kàrmàn T (1931) Mechanische Ähnlichkeit und Turbulenz. Ges Wiss Göttingen, Math Phys Klasse 58–76

Kim J, Moin P, Moser R (1987) Turbulence statistics in fully developed channel flow at low Reynolds number. J Fluid Mech 177:133–166

Laurien E, Oertel H Jr (2009) Numerische Strömungsmechanik. Vieweg + Teubner, Wiesbaden

Lax PD, Wendroff B (1960) System of conservation laws. Commun Pure Appl Math 13:217–237

Liggett J, Cunge J (1975) Numerical methods of solution of the unsteady flow equations. In: Mahmood K et al (Hrsg) Unsteady flow in open channels. Water Resources Publications, Fort Collins

Lützel T (2009) Berechnung eines Voronoi-Diagramms. http://www.lützel.net/Voronoi-final.ppt#256,1,Voronoi-Diagramme

Martin H, Pohl R et al (2008) Technische Hydromechanik, 4. 2. Aufl. Huss Medien, Berlin

DOI 10.1007/978-3-642-17208-3, © Springer-Verlag Berlin Heidelberg 2011

Nezu I, Nakagawa H (1993) Turbulence in open channel flows IAHR-Section on fluid mechanics. Balkema, Rotterdam

Oertel H Jr, Böhle M (2010) Übungsbuch Strömungsmechanik. Vieweg + Teubner, Wiesbaden

Pohle FV (1952) Motions of the water due to breaking of a dam, and related problems. U.S. National Bureau of Standards, Gravity Waves, N.B.C. Circular 521

Ritter A (1892) Die Fortpflanzung der Wasserellen. Z Vereins Deutscher Ingenieure 36(33):947–954

Robertson JA, Crowe CT (1995) Engineering fluid mechanics, 5. Aufl. Wiley, Chichester

Rodi W (1984) Turbulence models and their application in hydraulics. IAHR-section on fundamentals of division II: experimental and mathematical fluid dynamics. Balkema, Rotterdam

Schlichting H (1958) Grenzschichttheorie. Verlag G. Brauns, Karlsruhe

Schröder RCM (1994) Technische Hydraulik. Kompendium für den Wasserbau. Springer, Berlin

Stoker JJ (1948) The formation of breakers and bores. Commun Pure Appl Math 1(1):1–87

Stoker JJ (1957) Water waves. The mathematical theory with applications. Interscience, New York

Versteeg HK, Malalasekera W (2007) An introduction to computational fluid dynamics: the finite volume method. 2. Aufl. Pearson Education Ltd., Harlow

Sachverzeichnis

H. Martin, *Numerische Strömungssimulation in der Hydrodynamik*,
DOI 10.1007/978-3-642-17208-3, © Springer-Verlag Berlin Heidelberg 2011